U0069957

舒 適 生 活 靠 好 窗

鋁窗設計
安裝大全

從選窗型到細節施工
最強門窗超標準工法

左大鈞　著

亞樂美精品氣密窗

共同策劃

有好窗才是好房子

在室內設計行業中，常常會出問題的三大疑難情況之一就有鋁窗，其他分別有防水與油漆，偏偏這三者還常常互為因果，鋁窗，絕對不是過去印象中的簡單。

在台灣，我們直到近幾年才開始重視鋁窗。因為不管是消費者還是設計師，對鋁窗的一般印象停留在「建築很簡單的必需品」，其實鋁窗很不簡單，在我專業的經驗中，鋁窗產品的優劣會是幫設計或建築物的加值很重要的角色，尤其是高級住宅必然的配備，決定性的影響不只是品牌。

鋁窗設計有多專業呢？我曾經為了一個知名品牌的鋁窗設計展示中心，很驚訝的發現鋁窗的物件種類非常多元，有要防音、防水、要檢測的，分類很細，使得展示中心的平面配置成為一項很複雜的設計工作，我們乍看以為很簡單—— 都是鋁窗，但是光是鋁窗的剖面，裡面奇形怪狀、非常複雜。

對使用的消費者客戶來說，需求大約僅止於使用、通風、安全等，但是以歐美國家的窗戶來說，窗型和開啟的方式很多種，加上會下雪的環境，所以鋁窗設計已經很進步，但是零件成本高，當時沒有引進，因此不知道功能這麼多。當然這幾年也有引進，但是畢竟鋁窗在建築物的使用，都是在建築師規劃之前就配好了，在室內設計師的工作中，鋁窗比較屬於後段，除非是大改修，整個做拉皮改裝、重新設計才會用到，

所以大家對鋁窗的專業知識所知有限。

　　鋁窗的美感現在也比較被重視，會在乎比例、材質、表面的處理質感與空間風格吻合，因為鋁窗對於設計風格也是加分或減分很重要的元素材料，包括玻璃的使用，設計的創意造型都是靠鋁窗、金屬零件，所以不可小覷，設計生涯到了一定高度後的設計師一定應該要懂得鋁窗結構、材料的應用，才會使設計脫穎而出。

　　颱風、雨季是所有鋁窗業者最忙的時候，因為大家以為鋁窗施工很簡單，找泥水工來做就可以，造成鋁窗遇到天候不佳就漏水甚至窗框歪斜，如果您的鋁窗是採取紮實的安裝（專業的鋁窗技師加上好的泥工、好的防水處理），甚至設計之前就注意牆面的異常，（因為有些水不是表面進來，而是本來就藏在內部，滲透到牆、再從牆滲透到窗槽，外面看起來很乾淨），在設計前就要判斷出這塊牆的問題、要先斷水，窗的壽命是可以很長久的。

　　現在終於有第一本關於鋁窗的專業設計書問世了，作者左大鈞也是我認識的後輩，他在這個圈子努力很多年，從客人的疑難雜症到實務現場操作，經驗、知識都研究到在行，提供建築師與設計師足夠的資訊，攜手合作讓消費者擁有舒適安全的居家。

中國科技大學室內設計系前系主任 / 副教授　台灣室內設計專技協會前理事長

目錄—— CONTENTS

Chapter 1　第一次接觸鋁門窗，問號全破解！

Chapter 2　從低樓層到日曬面
　　　　　　找出最適合的窗設計—實例篇

Chapter 3　窗的安裝要點－每個空間不一樣

Chapter 4

鋁窗採購、安裝前全知識
──工班挑選訣竅 × 窗型 × 材料

Chapter 5

必備施工知識 + 完工驗收 STEP BY STEP

目錄—— CONTENTS

Chapter 6　解決窗的疑難雜症——
你也可以動手補救

作／者／序

窗的好壞，
不能等住過才知道

　　從事鋁門窗行銷與客服工作多年，我發現許多人會因為預算，或單純地認為鋁窗只要具有遮風擋雨的功能就好，忽略了窗戶與居家品質有著密不可分的關係；因此歡喜入厝後，才驚覺鋁窗的隔音效果極差、下雨時會漏水、風大時會有風嘯聲、室外不良的氣味會滲入室內等等的問題，使得心情大受影響；但門窗直接涉及泥作工項，拆除更換也會破壞到鄰接的壁磚、木作裝潢、粉刷等工程，因此無法像一般家具，可以說換就換，故而只能忍受噪音、寒氣、異味、滲水的干擾，不得不接受生活品質降低的現況。

　　鋁窗是耐久性的建材，不像民生必需品一樣，常常讓消費者有採購的需要，因此，業主在資訊不清楚、設計師在預算受限的情形下，常會有花錢換了窗，卻無法得到預期所應有的隔音、氣密、水密等效益；我們從近幾年颱風來襲時，眾多窗戶發生漏水或損毀的狀況可以窺見，如果鋁窗在選購時，能因地制宜的先就外在環境條件進行需求評估，並確實依鋁窗的性能等級進行審慎規畫，而鋁窗安裝時又能確實掌握施工要點，就一定能夠避免窗戶發生漏水、降低風雨損害。

以往，鋁門窗的需求僅能憑藉設計師、業者的經驗或個人喜好來作規畫；但事實上，鋁窗從選用、設計到安裝，都必須確實考量到住家環境的條件、使用者的習慣、家庭成員的年齡分布、型材的結構安全強度、窗種的性能特色、玻璃與五金的功能性等問題，非是隨意進行即可。

　　期許，這本經過系統化整理的「鋁窗設計安裝大全」，未來能協助鋁窗相關從業人員、建築與室內裝修業者、業主都能進一步瞭解鋁窗的重要性，並在鋁窗的適用性評估、窗種與窗型的規畫設計、玻璃強度的掌握與搭配、安裝作業流程與注意事項、監工驗收的重點上都能有所參考，並讓鋁窗能夠確實為居家的品質、舒適性與安全性加分。

左大鈞

特別感謝

　　鋁窗是一門紮紮實實、完全不能大意馬虎的學問，感謝在學習初期有黃振通前輩傾囊相授，才讓我這個業界新人，得以茅塞頓開；此後，在擔任鋁窗行銷、客服與業務主管的職務中，接觸到不少工程爭議案件，在當時老東家的支持下，開始著手鋁窗相關知識的整理與編撰，並透過公司官網與自媒體開始與業者、設計師、工班進行溝通與資訊分享。

　　近幾年直接從事鋁窗的規劃與安裝工作，讓我與實務知識更加靠近，在這段精彩的工作歷練中，有幸得到工作夥伴劉忠豪、楊勝方與亞樂美李文平、李信毅兄弟的信任與教學相長，以及提供作品照片的建築師與設計師們，並讓更多、更全面的鋁窗知識能在這國內第一本的鋁窗專書中與大家共享。

（本書資料與圖片提供致謝表）

名匠鋁窗工藝有限公司

李文平、李信毅

亞樂美精品氣密窗

海灘工作室　李自暐

a space..design 陳焱騰

博億鋁業科技股份有限公司

楊勝方

劉忠豪

Chapter 1

第一次接觸鋁門窗，
問號全破解！

- 快問快答！11個消費者一定會問的基本問題
- 6項生活困擾大檢查
- 圖解鋁窗！窗型與部件名稱
- 5大窗型效能總評比

圖片提供：a space..design[陳焱陽]

1Q

正打算要換鋁窗，有哪些是特別要注意的地方？

A 環境評估，例如建築物的所在地以及樓高

除此之外，也應針對「使用的習慣性」、「安全的防護性」、「空間的用途性」與「社區的規範限制」來做調查。

舉例來說，週遭是甚麼樣的環境條件？家中成員是習慣使用推窗，還是拉窗？落地式窗型，該從中間或是從兩側進出方便？如何讓室外景觀有最佳的呈現效果？封閉式陽台，該採用什麼樣的窗型才能有較佳的通風與晾衣效果？社區管委會又有哪些窗型與塗裝顏色的限制？家中若有年長者或幼童，哪些安全配備是不可少的？這些問題都是在規畫之初，應預先設想。

★延伸閱讀：更多鋁窗規畫之初，應注意的細節，請參閱 P.86、106。

2Q 購買鋁窗，只要選擇大廠牌就能安心？

A 現今各品牌鋁窗製造商所生產的產品，幾乎都有通過 CNS 國家標準的風雨測試與隔音測試

且都按著 ISO 程序書，建制有一定的生產與檢驗標準，除非製程出現變異或品檢出現缺失，否則出廠的品質與性能應該是穩定的；而玻璃的性能也是如此。

但在鋁窗的安裝過程中，卻涉及工班的技術水準是否穩定、鋁框基準線是否準確、嵌縫與塞水路是否確實、安裝後的配件是否有精確調校等問題，這些施工環節都直接牽動著鋁窗的整體性能，甚至可以說，掌控鋁窗性能的優劣，很重要的原因還是在「工班的施工品質」。

★延伸閱讀：除了施工品質外，影響鋁窗性能的因素還有什麼？請參閱 P.82

3Q 可不可以把想要製作的鋁窗尺寸報給廠商，請他們直接報價就好？

A 每個案場的環境條件都不盡相同

雖然許多廠商會依據業主所提供的需求尺寸來報價，但每個案場的環境條件都不盡相同，因此鋁窗的規畫，最好還是能因地制宜來作評估，否則，未經現場評估的規畫結果，就可能出現鋁窗無法滿足現地環境條件的問題；此外，廠商未先觀察現場安裝條件，後續也可能遭遇施工窒礙，或是另需追加預算的問題。

★延伸閱讀：好的鋁窗包商，該怎麼評估判斷？請參閱 P.116。

4Q 為什麼價格會有很大的高低落差？

A 影響價格的原因，不光在鋁窗品牌

廠商的報價還會因施工細節、工法、耗材、服務內容的不同而有差異；因此，選擇廠商不應該只用報價的高低來做為取捨的標準，最好的擇商方法，是先確認各家廠商提供的施工內涵是否在一致的基準上，而廠商的專業度及其採用的工法是否符合案場條件，也都是評估廠商的重點。

★延伸閱讀：報價單的內容有什麼該注意的地方？請參閱 P.122。

5Q 為什麼我家的氣密窗關起來，還是會聽到室外的噪音？

A 有可能在於窗戶本身的氣密性與玻璃規格不適合所造成

最可能的原因，在於窗戶本身的氣密性與玻璃規格不適合所造成，因為聲音傳導靠的是空氣作為介質，因此氣密不良，聲音就容易竄入室內，而玻璃為窗戶的主要構件，面積更是占了全窗 70% 以上，所以玻璃太薄或型式選用不當，低頻的噪音還是會透過玻璃的震動而傳入室內。

另外玻璃在安裝時，如果矽利康打填不佳，聲音也是會從接合不良的地方竄出，而鋁料太薄、鋁材空腔設計不當、乾式施工包框料內未填打發泡劑、雙層窗間距過近、配件未做好調整等情形，都同樣會影響鋁窗的整體隔音表現。

★延伸閱讀：鋁窗的性能設計不良會有哪些問題，請參閱 P.18。
鋁窗常用的玻璃規格有哪些？請參閱 P.146。

6Q 想要防盜的窗子，只能選擇裝有鋁格條的格子窗？

A 許多人認為玻璃裝了鋁格條、窗扇裝了鎖就算是防盜窗

卻忽略鋁材的結構不佳、鎖具安全性不足，導致防止侵入的效用也有限，尤其不論是採用複層玻璃夾鋁格條，或是單層玻璃貼附鋁格條，這些玻璃都是由單片式的玻璃所組成，用力敲擊還是會破裂，一旦玻璃破了，鎖還是容易被解開，格條也容易被拆下來。

所以，如果家中鋁窗有防侵入性的需求，建議可採用膠合玻璃，或是由膠合玻璃所組成的複層玻璃，雖然膠合玻璃受到重擊也會破裂，但所需的破壞時間會比單層玻璃來得長，破壞力道也需要比單層玻璃更大，破壞的難度提高了，安全性就相對更有保障，而窗外的景緻也能獲得較完整的保留，不必擔心被鋁格條切割視野。

★延伸閱讀：不同的窗型，有不同的性能特性，請參閱 P.30。

7Q 我家住在馬路邊，想要改善家中鋁窗的性能，只有把窗戶換掉這個辦法？

A 我們可先透過配件、膠條的檢查與調整來提升窗扇的密合度

這將對水密、氣密、隔音效果也都有所助益。此外，要提升鋁窗的隔音性能，也可視鋁窗的玻璃溝槽空間狀況，更換較厚的膠合（玻璃溝槽至少需 16mm）或複層（玻璃溝槽至少需 25mm）玻璃；假使玻璃溝槽較窄無法更換時，則可在玻璃的室內面貼上隔音膜，或採用較厚的百折布質窗簾，來達到遮音、吸音與減振的效果。但如果鋁窗的氣密等級本來就不好，或結構有鬆動、配件銹蝕，把手關閉時，推動窗扇會有晃動情形，光靠配件調整或玻璃的更換，就恐無濟於事，這時就應該評估是否需要更換新窗，或以雙層窗的方式來解決了。

★延伸閱讀：改善既有鋁窗的性能，有哪些方法？請參閱 P.259。

A 更換規格較厚的單層玻璃或是膠合玻璃

可在鋁窗玻璃溝槽允許的情況下，將舊玻璃移除，並更換為規格較厚的單層玻璃或是膠合玻璃，如此便沒有拆、換鋁窗的問題。

但如果原來玻璃已有一定的厚度，或是鋁窗的玻璃溝槽寬度不足時，也可以考慮在窗台的室內側，再加裝一層搭配較厚玻璃的鋁窗，使其成為雙層窗的架構，這樣既不會改變建築與鋁窗的原來外觀，又能達到改善噪音的效果；倘使窗台所留的空間不足，則可考慮以加裝角鋁或適合的鋁材來嫁接延伸台度，讓新窗能有足夠的安裝空間。

> ★延伸閱讀：雙層窗適用在什麼環境？
> 　　　　　在安裝上，又該注意什麼？請參閱 P.268。

8Q 建設公司原來的窗戶隔音不好，管委會又有換窗的限制，怎麼辦？

9Q 家中目前有住人，是否就不適合進行鋁窗更換呢？

A 鋁窗的安裝工法有乾式施工與濕式施工兩種方式

「濕式施工法」簡單來說，就是需要動用到泥作的工程方式，通常建物興建時新裝的鋁窗，或舊窗要敲除重新換窗時，都會選擇使用這種方法。

另一種鋁窗安裝方式，則是「乾式施工法」，這種工法顧名思義就是不需要動用到泥作的工程，而僅以包框料包覆窗台上原有舊窗框的方式，來安裝新的鋁窗；通常舊窗考慮換新時，且居家仍有住人的情況下，可以選擇此種破壞性與干擾程度都比較小，而作業時程也相對較短的施工方法。

> ★延伸閱讀：鋁窗的施工工法有哪幾種？效益上又有什麼差異？請參閱 P.178。

10Q

市面上的鋁窗有說是「氣密窗」，也有說是「隔音窗」，這兩種產品有什麼不同？我又該如何選擇？

A 選購鋁窗時，別被產品名稱綁架

在「鋁合金製窗」的國家標準中，雖訂有鋁窗隔音等級，但卻未就氣密窗與隔音窗的區隔來作劃分，因此我們難以定義什麼程度的隔音等級，才算是隔音窗等級。

由於聲音主要是靠空氣作為傳遞的介質，鋁窗如能具有良好的氣密性，基本上就有相當程度的隔音效果；此外，一樘鋁窗的玻璃面積通常達到 70% 以上，所以玻璃也是決定隔音效能的另一個重要因素，也就是說鋁窗如能在良好的氣密基礎下，具備有較寬的玻璃溝槽，使其擁有安裝較厚玻璃的條件，不管產品名稱是氣密窗，或是隔音窗，就沒有太大的分別。

★延伸閱讀：除了氣密、隔音，一樘好窗還要具備那些特質？請參閱 P.92。

A 凸窗雖然增加了空間，但隔音效能、穩固性和保溫就相對較差

11Q

我看隔壁鄰居新裝的凸窗，可以增加使用空間，好像很不錯？

許多人規畫陽台用窗時，喜歡將鋁窗設計在女兒牆外的空間成為凸窗，但畢竟鋁封板的結構不如 RC 結構來的好，因此凸窗的隔音效能和穩固性就相對較差。

此外，凸窗的頂部、底部、兩側也可能都是鋁封板組合而成，因其具有很高的熱傳導效應，「夏熱冬冷」狀況就會特別顯著，尤其冬天結露的冷凝水情形也會特別嚴重，並導致家中空調、除濕設備電費支出偏高。

由於凸窗隔音較差，且有載重限制，建議不需選擇等級太高的鋁窗，或是較厚的玻璃，或是擺放重物，以免窗架發生下垂或變形；而且凸窗工程相對複雜，難度比在 RC 結構面立框來得高，所以凸窗的費用也會比一般的鋁窗安裝高出許多，需審慎衡量。

★延伸閱讀：凸窗在安裝時該注意哪些問題？請參閱 P.72。

1-2 家的居住品質亮紅燈

6 大生活困擾都是鋁窗造成的

　　窗猶如人的眼睛與鼻子，負責家戶的採光與納氣，並影響居住者的精神與健康；但其實窗戶也同樣是家戶的耳朵與皮膚，外界的聲響與氣溫也同樣會經過這個渠道而進入室內，可以讓人感受到寧靜或吵雜、是溫暖或寒冷。

1 —— 窗戶具有採光納氣的功能，對於居住者的精神與健康，都有著莫大的影響。（圖片提供：a space..design）

2 —— 窗戶就像人的五官，除關係著建築物的外觀風貌外，也掌控了映入家戶的景緻、採光照明、納氣控溫、濕度調節、聲響遮阻等效果，對於居家的價值性來説，可謂重要。（圖片提供：a space..design）

當窗戶的隔音效果不佳時，家中的聲響同樣會從窗戶竄出戶外，就像嘴巴所發出的聲響一樣，容易影響到鄰居；因此，窗戶也像是人的喉舌，操控著居家流出的音量大小，可使家中的私密對話不被窺聽，更能確保鄰居的生活不被我們所干擾。

窗戶不僅關係著建物的外觀造型與結構體的支撐強度外，也決定了人們對建築的評價與對安全的知覺，並影響了室內裝潢的調性與風格；一扇窗，等同掌控了家戶的「眼、耳、鼻、舌、身、意」六感。如果窗戶無法對空氣、陽光、雨水、聲音、溫度進行適切的控制與調節，過與不及的結果，就會給居家生活帶來採光昏暗、空氣汙染、噪音干擾、吵擾鄰居、室溫偏低、滲風、漏水等等的不便與困擾，同時也造成下列這些麻煩：

疾病 空汙與溫差，導致呼吸道過敏

氣密效果不佳，室外的不良空氣就容易滲入，而這些滲入室內的氣體，有可能是工廠或交通工具所排放的廢氣、垃圾或周遭環境所產生的不良異味、鄰近餐廳或攤販所製造的油煙，甚至是對人體有害的細懸浮微粒，這些氣體都有可能會危害居住者的呼吸道健康，而導致過敏或氣喘疾病發生，即使家中有再好的空氣清淨設備，沒有阻隔汙染途徑，清淨的效果還是很有限。

如果鋁窗氣密不良，又有阻熱效果不佳的情形，寒冬時室外的寒風、低溫，就容易藉由冷空氣的滲入及低溫的傳導，而使室內變得沒有保暖的效果，居住者容易因為寒冷而受凍感冒，在決定採購暖氣設備前，不如先檢查鋁窗是否有過舊的問題。

吵鬧 玻璃振動與噪音干擾

聲音傳導主要是透過空氣作介質，如果鋁窗的氣密性不好或選用了不適當的玻璃規格，室外的聲響就會從窗扇密合不良的地方竄入室內，而能量較大的低頻音源也會直接從玻璃傳導，或是在鋁材較薄的空腔位置中形成聲音的共振。

隔音效能不良，會影響睡眠品質、精神狀態與讀書專注力外，家中的聲響也容易吵擾到鄰居；此外，鋁窗的氣密或水密功能不良，也容易使鋁窗在風大、下雨天時，發生口哨聲與漏水的問題。

危險 失去支撐力 及零防盜效果

許多新一代的建築會採用較大開口或落地式景觀窗來營造良好的採光與視野效果，然而當牆面上的鋁窗面積愈做愈大時，就等同減弱了建築牆面的支撐應力；如果鋁窗在規畫時，未能適切計算窗體的應

3 —— 窗戶如果氣密不良，戶外的不良氣味、工廠與汽車排放的廢氣、對人體有害的細懸浮微粒就容易進入室內，而影響到居住者的健康。（圖片提供：亞樂美精品氣密窗）

4 —— 窗扇密合效果不佳，會成為空氣流通的路徑，除影響隔音外，風大時也會在隙縫處，出現風嘯聲，而干擾寧靜的生活品質，造成精神上的壓力。（圖片提供：左大鈞）

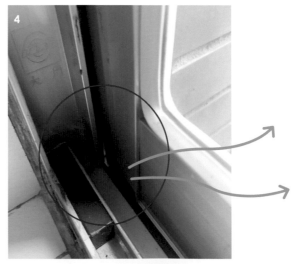

5 —— 為了營造良好的視野，現下的鋁窗愈做愈大，但如果沒有確實精算窗體與玻璃的支撐強度，就容易在風壓過大時，發生嚴重的結構變形、損毀或玻璃破裂等問題。（圖片提供：亞樂美精品氣密窗）

力強度，一旦遭遇較大的颱風或地震時，建築結構體就會因為此道牆面支撐強度的不足，而發生龜裂、變形，甚至是倒塌的問題。此外，如果鋁窗與玻璃的強度未經過妥慎計算，也有可能在風壓較大時，即會出現顯著的「撓曲形變」現象，進而發生漏水，甚至是窗框損毀、玻璃破裂的問題，而使得人員與財物都受到傷損。

另外，門窗也是人員進出的主要動線，如果配件的安全性不足，就容易使家中的年長者與幼童發生受傷與不慎墜樓的意外；而鋁窗與玻璃的安全度如果不足、配件的防盜性如果不佳，也同樣無法達到阻絕宵小侵入的效果。

壁癌 牆面潮濕或家具發霉

鋁窗水密性不佳或強度不足時，容易在雨天時發生漏水現象；而鋁框的隔熱性不佳或未選用適當的玻璃規格時，窗戶也容易在天冷時，因為結露現象而使得窗台、地面出現大片的冷凝水；一旦窗戶的滲水、冷凝水問題嚴重，就容易使牆面、地面因為長時間處於受潮的狀態，造成窗簾發霉，木頭家具與木地板，也容易因潮濕變形、腐損、長蟲；而牆面過度的潮濕，也容易形成壁癌，且當室內濕氣過重，除會影響電器的使用安全，也容易誘發過敏體質者的氣喘問題。

耗能 一年四季電費都偏高

如果鋁窗的氣密效果不好、窗框的隔熱效益不佳，室內的保冷及保暖效能就會受到影響；夏天時，除了室內的冷氣容易逸散外，室外的炎熱高溫也容易透過熱傳導、熱輻射的效應而降低了室內的冷房效果，冷氣壓縮機不斷強力運轉之下，自然會增加電能的耗用；相對在冬天時，室內的暖空氣也會因為鋁窗氣密不良而散失，室外嚴寒的溫度也會透過鋁框與玻璃的熱交換效應，而降低電暖設備的效能；此外，鋁窗氣密不良，也將使室內、室外的空氣更容易循環流通，室內的相對濕度就會提高，如再有結露或反潮現象發生時，除濕機也勢必成為居家生活不可或缺的必要設備，可想而知的是，電費一定相當可觀。

6 —— 由於複層玻璃內部具有乾燥條，可確保玻璃內側的空氣維持在穩定的乾燥狀態，因此具有良好的隔熱效果，如能搭配氣密性良好的鋁窗，讓室外熱氣或冷風不易侵入室內，則更有助空調設備節能效益的提升。（圖片提供：左大鈞）

運勢 影響堪輿風水

　　窗也與風水有著密切關係；舉凡光線、氣流、聲音、溫度、室外景緻、生活隱私都會透過門窗傳遞；因此，窗的方位、開向、尺寸、比例、玻璃透光性、所面對的景觀，都影響採光、氣流、隱私，以及視覺感受，並牽動居住者的健康、心情、舒適、財富與安全狀態。故古來堪輿學均認為：門窗風水的好壞直接影響「家業與運勢」。

7 —— 風水是前人生活經驗的累積，窗的方位、開向、尺寸規格、比例、造型，甚至是窗外的地形或景觀，都被認為會影響居住者狀態。（圖片提供：左大鈞）

NOTES：
窗與生活品質的關係

鋁窗效能	改善居家問題
阻絕空氣汙染	細懸浮微粒、灰塵、廢氣、油煙、異味…
阻隔噪音干擾	人聲、車聲、飛機起降聲、鐘聲、超商鈴聲、機具聲、風嘯聲…
防止滲風進水	口哨聲、冬天寒氣、灰沙髒汙、漏水、潮濕發霉、壁癌…
提供安全防護	抗風壓、提供建築結構支撐強度、防侵入、防墜樓…
提高節能效益	納氣通風、降低熱交換效應、保暖、隔熱、防結露…
維護生活舒適	無障礙空間、相連空間的連通、滿足全齡需求、阻止病媒蚊、隱私維護、使用與清潔便利…
提高美感價值	採光、室外景緻的呈現、與建築的搭配性、提升整體設計質感…
風水層面的影響	牽動著居住者的健康、心情、舒適、財富與安全狀態

1-3 窗型與部件名稱正解

圖解鋁窗，溝通訂貨不出錯

窗型因為其結構、開啟方式，擁有不同特性與名稱，如果在下訂單的溝通過程中，使用了錯誤名稱，就會發生製造錯誤的嚴重問題。我們依據 CNS 國家標準與業界慣稱，介紹以下各種常見窗型，及其部件的專有名詞，請務必正確使用。

拉窗系列 窗扇的啟閉，均在窗樘的平面方向移動。

▲ **橫拉窗**：窗扇往左、右方向移動

▲ **上下拉窗**：窗扇往上、下方向移動

窗扇的啟閉，會在窗樘的外部移動。

▲ **推開窗**：窗扇往室外方向開啟　　　　▲ **內開窗**：窗扇往室內方向開啟

▲ **推射窗**：窗扇由下方往室外方向開啟　▲ **橫軸窗**：窗扇以上、下翻動方式開啟

▲ **直軸窗**：窗扇以左、右旋轉方式開啟

▲ **內倒內開窗**：窗扇除可向內開啟外（上右），亦可朝室內側斜傾通風（上左）

▲ **內倒平行橫拉窗**：窗扇除可橫拉開啟外（上右），亦可向室內側斜傾通風（上左）

固定窗

窗扇無法開啟與活動（下圖左）；或在無窗扇情況下，將玻璃直接固定在窗樘上（下圖右）。

折疊窗

由多片窗扇組成，並以折疊方式進行窗扇啟閉。

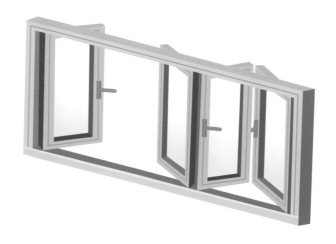

部件名稱

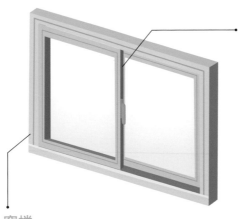

窗扇

又稱「內框」；為窗可開啟或移動的部件。有把手窗扇稱「大鉤扇」，無把手窗扇稱「小鉤扇」

窗樘

即「外框」；與結構牆接合的部件，用以固定本窗及安裝窗扇之用

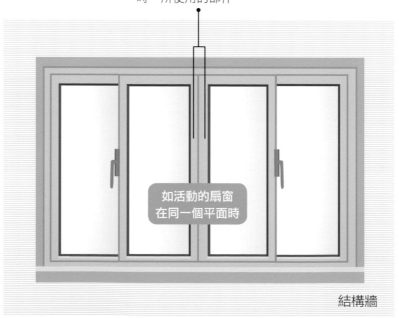

疊合料 窗扇關閉時的疊合部件
有把手：「大鉤支」
無把手：「小鉤支」

上橫料

邊支立料

下橫料

結構牆

▲ **疊合料**：通常使用於有二、三片窗扇的拉窗上。

對接料 又稱「碰支」，為窗扇邊緣彼此對接
時，所使用的部件

如活動的扇窗
在同一個平面時

結構牆

▲ **對接料**：通常使用於四片窗扇的拉窗上。

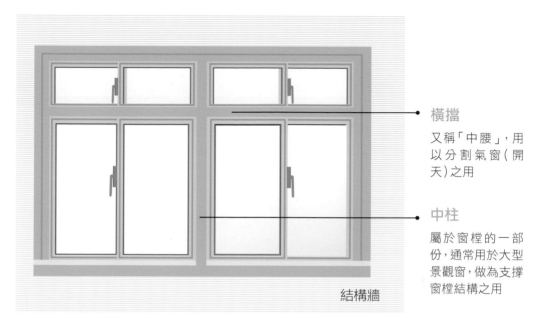

橫擋

又稱「中腰」，用以分割氣窗（開天）之用

中柱

屬於窗樘的一部份，通常用於大型景觀窗，做為支撐窗樘結構之用

結構牆

▲ 不論是中柱或橫擋，均為本窗最主要的受力部件，對窗體的結構強度有重要的影響性。

隔條 又稱為「吊管」，用以分隔開天玻璃的部件

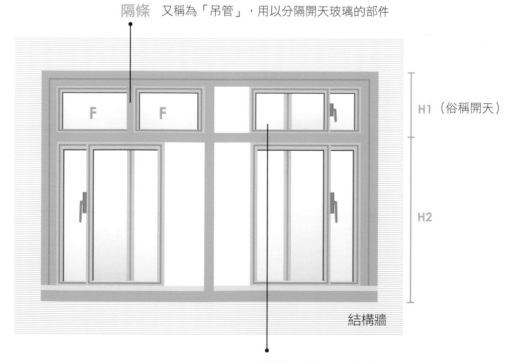

H1（俗稱開天）

H2

結構牆

氣窗 本窗上方的通氣小窗；如非落地式窗型，亦有安裝於本窗下方

1-4 窗型效能總評比

固定式、推開式、橫拉式、內倒式、折疊式要選哪一種？

鋁窗最常見有固定式、推開式、橫拉式三種，功能與效果皆不同。

固定式

固定式窗型因無法開啟，所以水密、氣密與隔音效果最好，適合大景觀建築設計，但也由於無法開啟，而會影響通風與室外側玻璃面的清潔。

推開式

推開式窗型其水密、氣密與隔音效果是僅次於固定式窗型的，但由於推開窗在開啟時必須倚靠連桿裝置來支撐整個窗扇的重量，因此窗型的面積無法做的太寬、太大，而玻璃也無法使用太厚、太重的規格，才能避免連桿日後出現下垂或變形的問題；然而，推開窗的窗型尺寸雖然受到限制，但撓曲度也會相對比較小，結構強度與安全性也就會比其他窗型來得更好。

橫拉式

橫拉式窗型的部分，因為窗扇可做二片、三片、四片，甚至是六片的設計，因此適合較大的建築開口，此種窗型也是目前使用率最高的窗型；

由於橫拉窗的窗扇面積通常會比推開式窗型來得大，因此通風效果較佳，也因為窗扇的開啟空間較大，所以適合做為人員進出的落地窗使用，然而橫拉式窗型是屬於走軌或滑軌的開啟方式，基於開啟的順暢性與便利性，窗扇與窗樘間的容許間隙就比較大，也使得氣密、水密、隔音的效果都會比推開式窗型稍差一些。

1 —— 固定窗可營造較佳的景觀效果，因屬密閉式窗型，故水密、氣密、隔音效果較佳，但外側玻璃不易清潔，且降低通風效果。（圖片提供：左大鈞）

2 —— 推開窗兼具有良好的通風、水密、氣密與隔音效果，適合使用於受雨面及噪音面環境；但因連桿裝置須承載窗扇與玻璃在開啟時的重量，因此會有尺寸大小的限制。（圖片提供：左大鈞）

3 —— 橫拉窗為走軌式的窗型設計，為了開啟順暢及方便拆卸，水密、氣密、隔音效果比不上推開窗。（圖片提供：a space..design）

內倒式與折疊式

　　除了一般傳統的開窗與拉窗外，目前坊間也有一種歐式風格的內倒窗型，窗扇除了可以正常的拉開或推開外，還可以選擇以內倒方式來通風。所謂的內倒，就是窗扇的上緣側具有向室內斜傾約 10~15 度的功能，因此可以減少雨水直接潑入或氣流直接灌入室內的問題，但因內倒所使用的懸吊連桿，須支撐整個窗扇與玻璃重量，如連桿的強度不足，即容易造成損壞；此外，

內倒功能因須向室內方向斜傾或開啟，除了會侷促室內的空間運用外，也會影響到窗簾盒的安裝與窗簾使用上的便利性。

　　最後是折疊式窗型，此種窗型則適用於大開口環境，開啟時無須中柱鋁料支撐，因此開口闊度較寬，景觀的價值性也比較高；但由於折疊窗所使用的窗扇片數較多，所以不利水密、氣密與隔音效果，如有使用需求時，建議應搭配有雨遮設計，或使用於室內環境。

4 —— 內倒窗可避免室外強風直接灌入室內，冬天時也可利用熱氣流的循環原理，讓室內、外的空氣可以緩和對流，降低室內二氧化碳濃度。（圖片提供：左大鈞）

5 —— 折疊窗開啟時闊度較寬，可營造較佳的景觀效果，適合較大的開口環境使用；另因窗扇開啟時，五金配件須承載玻璃與鋁框的重量，因此單片窗扇的寬度也不宜過大，以免加劇五金的荷重，而造成變形。（圖片提供：a space..design）

NOTES：
各式窗型的特色與性能

窗型	特色	性能限制
❶ 固定式 窗型	● 因無法開啟，故水氣密與隔音效果最好。 ● 適合大景觀設計。 ● 與其他窗型的搭配性高。	● 無法開啟，故通風性較差。 ● 室外玻璃不易擦洗。 ● 高樓層固定窗，外側玻璃較不容易打矽利康，易影響水密與隔音性。
❷ 推開式 窗型	● 水氣密與隔音效果僅次於固定窗。 ● 通風效果良好。 ● 窗型比例較小，撓曲率小。 ● 與固定窗有較佳的搭配效果。	● 窗扇外推開啟時，需考慮風壓。 ● 連桿有承載重量限制，因此窗扇的製造尺寸與所使用的玻璃重量，須符合製造範圍要求。 ● 如採後鈕機構或後拉式連桿，外側玻璃不易清潔。
❸ 橫拉式 窗型	● 可落地設計，方便人員進出。 ● 可無障礙設計。 ● 通風效果良好。 ● 適合較大開口使用。 ● 開口較窄或有鐵窗限制而無法裝設推開窗時，可採上下拉窗設計。	● 窗扇活動方式為走軌式，且為方便窗扇的拆卸，因此窗扇與窗樘間的間隙較大，故水密、氣密與隔音效果較差。 ● 玻璃較重時，不易拉動；如輥輪強度不足，也容易損壞，而影響窗扇拉動時的順暢性。 ● 多片式窗扇，導軌會比較寬，且無法單向靠攏，影響進出路徑闊度。
❹ 內倒式 窗型	● 具有較佳的氣密效果。 ● 窗扇的上緣側，具有向室內斜傾約10~15度的功能，可減少雨水潑入室內的問題。 ● 窗扇內倒時,可減低進入室內的風量，因此可避免過大風量吹亂家中物件，並減少進入室內的灰塵量。	● 因窗扇為內倒式開啟，因此不適合安裝窗簾盒。 ● 窗扇內倒時，容易影響窗簾的使用與空氣流通的效果。 ● 內倒所使用的懸吊連桿，須支撐窗體與玻璃重量,如連桿的強度不足，即容易造成損壞。 ● 把手的操作方式與一般傳統窗型不同，如不習慣使用或不正確使用，容易造成窗扇密合不良或發生把手損壞的問題。

窗型	特色	性能限制
	● 冬天時，可利用熱氣流的循環原理，讓室內與室外空氣可以緩和流通，達到降低室內二氧化碳濃度與避免寒風直接吹入室內的效果。	● 為配合內倒的開啟功能，因此窗樘下側鋁框採外高內低設計，擋水效果較差。 ● 內倒內開窗型，窗扇內開時無法作定點固定，易受風勢影響而晃動搖擺，而窗扇內開也會限制室內空間的運用。
❺ 折疊式 窗型	● 適用大開口環境，開啟時無中柱鋁框，景觀價值性較高。 ● 窗扇左右兩側的開啟片數搭配彈性較高。 ● 可單向拉移，開啟闊度較大。 ● 導軌無需太寬。 ● 可做為室內空間分隔之用。 ● 適合大型商業空間。	● 窗扇片數較多，不利水密、氣密與隔音效果，應搭配雨遮設計，或使用於室內環境。 ● 開啟時，窗扇會佔用窗體的外側空間，而影響空間設計與使用。 ● 如為內開式，開啟方向恰與風壓順向，且窗樘下側鋁框為外高內低設計，不利氣密與排水。 ● 如採無障礙的懸吊設計，隔音性較差，且窗樘的上方鋁框會承受較大的載重負荷。 ● 僅能搭配大片折紗或捲紗，當風勢較大時，紗網會有明顯晃動，而紗網底部的密合度容易變差，防蚊效果也會受到影響，且後續如有修補或換網需求時，成本較高。

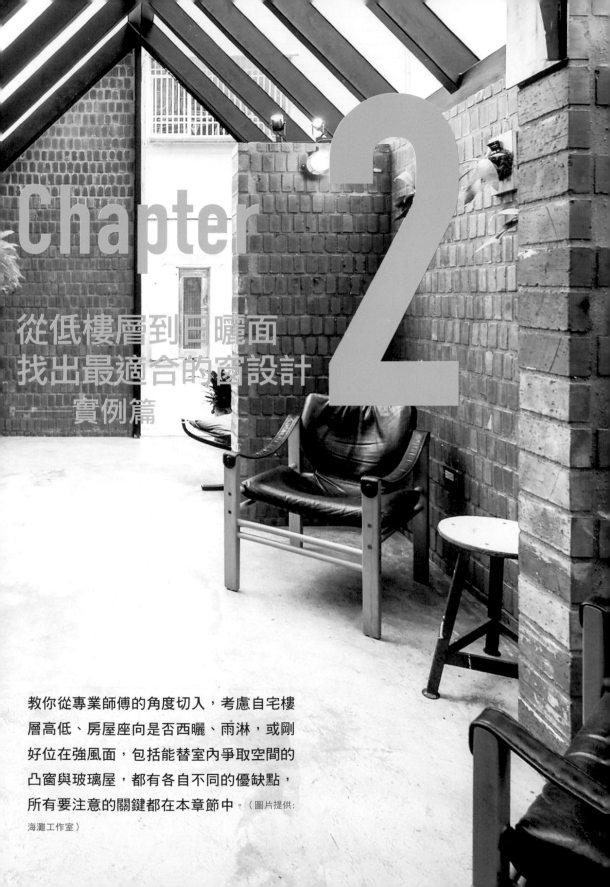

Chapter 2

從低樓層到日曬面
找出最適合的窗設計
——實例篇

教你從專業師傅的角度切入，考慮自宅樓
層高低、房屋座向是否西曬、雨淋，或剛
好位在強風面，包括能替室內爭取空間的
凸窗與玻璃屋，都有各自不同的優缺點，
所有要注意的關鍵都在本章節中。（圖片提供：
海灘工作室）

2-1 噪音、空汙影響都較為嚴重的
都會區窗戶

由於都會區的建築物密度較高，導致環境噪音容易在建物之間折射與共振，使得都會區的窗戶，首要面對的課題就是如何降低噪音的干擾；其次，都會區因為交通流量較大，且建築櫛比鱗次，因此各式車輛與餐廳所排放的廢氣與油煙，空調設備所排出的熱氣，也造成環境的空汙與燥熱問題嚴重。

因此，位在都會區的臨路面窗戶，適合使用氣密與隔音效能都比較好的推開窗型式，如牆面的開口較大，則可考慮以推開窗併固定窗的方式來做規畫；至於在玻璃方面，如果環境的噪音問題較劇，可選擇具有隔音效用的膠合玻璃，如果室外受到熱氣排放的影響較大，則可採用具有阻熱效用的複層玻璃。另要建議，雖然推開窗有不錯的氣密與隔音表現，但因窗扇的開啟寬度較小，所以通風量會比橫拉式窗型來得小，氣流循環的效果也就會受到限制；因此，住家後陽台如需要在女兒牆上加裝鋁窗時，則建議選用橫拉窗，因為橫拉窗的通風效果較佳，有利晾曬衣物的乾燥。

此外，國內的都會區仍普遍存有為數不少的老舊公寓，而許多老舊公寓因為過於密集，或是受到巷道過窄的影響，會有採光不足所造成的室內昏暗情形，因此當這些老舊公寓有機會進行裝修時，也建議在不影響牆面結構安全的前提下，評估是否要加大窗戶的開口寬度，或將原本平面式的

窗型，改為立體式的八角窗型，以增加室內的光照量，當採光變好了，自然也能減少照明用電的耗費。

八角窗

　　下圖為中間一片面積較大的窗子，利用 135 度彎角方式，在左右兩側併接面積較小的窗子（有時只會單側併接）；由於此種窗型為立體結構，採光性會比完全平面式的窗戶為佳，而窗種的選擇可依環境的需要，將中間大片的開口規畫為固定窗或橫拉窗，而面積較小的側窗，則可設計為推開窗或固定窗。

　　要特別提醒，由於八角窗通常是突出於建築平面之外，所以比較容易受到剪力的影響而使得外凸部的牆面出現裂縫；因此八角窗應儘量避免使用在受雨面上，或視需要加裝雨遮或導水板，而外牆的防水與打水路作業也必須要確實執行。

1 ── 中間採一大片固定窗，左右兩側為推開窗的窗型設計，此款窗型除能以固定窗來保留較佳的景觀視覺效果外，兩側推開窗因氣密效果佳，所以能有不錯的隔音性，且位在左右的兩片窗扇面積都比較小，也沒有直接相對，因此能有效節制進風量，使氣流不易直進直出，達到良好的藏風納氣效用。（圖片提供：左大鈞）

CASE：案例示範 A

優質氣密窗 + 膠合玻璃 不怕噪音擾人清夢

坐　落：新竹縣竹北市林宅

案例所在的竹北市，發展蓬勃，高樓比鄰而建；在陳焱騰設計師的規劃下，案場的公共空間採全開放式設計，書房、客廳、餐廳、中島廚房均在同一個開放格局中，空間的視覺感寬敞，並能透過對外窗，分享同一片自然採光。

環境評估

由於案場位在較低樓層，且與鄰棟距離不遠，除了採光容易被鄰近大樓所遮蔽外，受到環境噪音的影響，及棟距間的聲音共振效應都會比較嚴重；因此，鋁窗在設計上需考慮採光、隔音與隱私防護的問題。

設計對策

（1）**書桌旁的鋁窗裝設風琴簾，讓光線更柔和也兼具隱私防護性**

棟距近有隱私問題，低樓層也易受鄰近建築影響採光；因此案場並未採用具有遮蔽效果的色板玻璃，而是選用有良好透光性的清玻璃，並搭配蜂巢式的風琴簾，讓閱讀的光線更柔和，眼睛即不易疲累，也能保有隱私。

（2）**膠合玻璃提供良好的噪音阻絕效用**

由於案場有較顯著的噪音問題，且環境噪音也因為棟距過近，而有共振與放大的現象，因此鋁窗除採用優質的氣密窗外，亦搭配 5mm+8mm 的膠合強化玻璃，來提高阻隔環境噪音的效用。

圖片提供：a space..design

CASE：**案例示範 B**

以膠合玻璃提高隔音效果的臨外壁面

坐　落：台北市 ‧ 民生社區

這是位在台北市滿是綠意、環境優美的知名住宅區，業主特別請木作師傅將神龕安排在採光良好的臨外牆邊上，再由鋁窗工程人員在原來的牆面開口部位，裝設兼具景觀與通風效果的拉窗併固定窗組合式窗型；然而屋主遷入新居沒多久後，就發現屋外的噪音會明顯的傳進室內。

環境評估

屋主原以為是新裝的鋁窗隔音功能有問題，但經專業人士檢查後發現，室外的聲音其實是從神龕所傳入；原來是神龕裝設時，木工師傅未確實評估外圍環境，在神龕臨路面的一側，僅以材質較薄的鋁封板作為室內與室外間的阻隔，才會導致屋外的吵雜聲從鋁封板及木作板材傳入室內。

設計對策

（1）長條型牆面開口，可用固定窗營造好景觀

本案採中間固定窗，兩側橫拉窗的組合式窗型，藉固定窗保留較佳的景觀視野效果，並利用通風性較佳的橫拉窗作為兩側的翼窗，讓採光、綠蔭、自然風能與居家生活完美融合。

（2）以膠合玻璃阻絕環境噪音

都會區、低樓層的低頻噪音通常都較為顯著，而本案的神龕也不宜再移動的情況下，鋁窗業者在鋁封板的室外側，加裝了一片較厚的膠合玻璃，藉由阻絕音源路徑的方式，改善噪音竄入室內的問題外，同時解決雨滴打落在鋁封板的嘈雜聲響。

圖片提供：亞樂美精品氣密窗

2-2 景觀居高臨下，但風壓卻大的 高樓窗戶

鋁窗的結構強度，主要看的是抗風壓性能，而以目前國內的鋁窗工藝來說，抗風壓性能至少都能夠達到 280 kgf/m^2（約為 15 級中颱風力）以上的標準，但這對於位在高樓層的迎風面窗戶來說，強度顯然不夠，主要是因為貼近地表的風速容易受到地貌與地面建物所破壞，因此距地高度愈高，風速被破壞的情況就愈小，相對的風壓強度也就愈大，所以當窗戶的距地高度超過 30 公尺時（概約是在七、八層樓高的位置，但各建築物會因樓層挑高的不同，而有差異），就屬於「高樓層窗戶」了。

高樓層窗戶的基本產品標準

由於這些高樓層的迎風面鋁窗，須承受較嚴苛的風壓條件，因此選用的鋁窗，其抗風壓性能最好要能夠達到 360kgf/m^2 以上的標準，如此才能有較佳的安全性，且鋁窗的抗風壓性能愈佳，大風壓來襲時所造成的形變量就愈小，發生滲風或漏水的情形就相對較低。在玻璃規格部分，則建議使用總厚度至少在 8mm 以上的強化玻璃或膠合強化玻璃（實際的玻璃種類與厚度，仍須依照樓層高度、玻璃尺寸與現地的風壓條件來做計算，以符合環境需要），才能避免玻璃強度不足，在大風壓來襲時發生破裂。

高樓層窗戶設計要點

如果高樓層的迎風面窗戶為寬度超過 4 公尺的橫拉窗時，最好能採取多樘鋁窗併接（又稱為「併窗」）的方式來設計，而進出陽台的落地式窗型，高度超過 2 公尺時，則最好能採用鋁材有加厚的窗型；如窗扇高度超過 2.1 公尺時，則應有氣窗或做開天設計，而落地窗的氣窗在設計時，應確保下層作為進出路徑的活動窗扇，高度不要低於 1.9 公尺，以免人員進出時會有壓迫感，且氣窗的高度也不宜太過矮扁，以能安裝啟閉窗扇的把手為最低標準。

此外，四片式有開天或氣窗的落地窗，因中腰的跨距較寬，故最好能有加裝隔條的吊管設計，或在中腰鋁材的內側加裝一支鍍鋅鋼材，以強化中腰的支撐強度，並達到降低撓度並避免日後出現下垂的問題。至於窗型設計如為推開窗時，則應採用支撐強度較佳的超重型四連桿，且窗扇不宜過大，以避免開啟中的窗扇被瞬間的大風壓給猛烈拉扯，而出現下垂、變形，甚至脫落的問題。

2

2 ── 所謂的「併窗」，就是將多樘獨立的鋁窗以併接鋁材將其接合在一起，使之成為一組大型的鋁窗；圖中示意，即為三併二拉窗（三組獨立的二拉式橫拉窗併接在一起）。

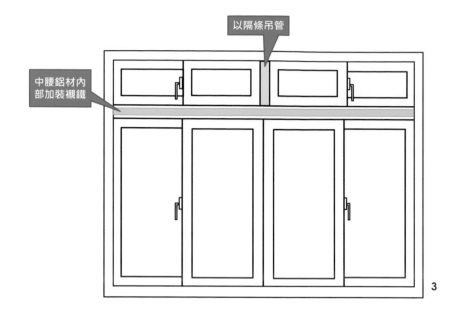

以隔條吊管

中腰鋁材內部加裝襯鐵

3

3 —— 有中腰的鋁窗，如果跨距太長，就容易在風壓較大時出現顯著的撓曲，而如果上層的氣窗、玻璃重量過重，日久後，中腰也容易出現下垂變形的問題；因此，中腰跨距太長的窗型，最好能有加裝隔條的吊管設計，或在中腰鋁材的內側加裝一支鍍鋅鋼材（俗稱「襯鐵」），以強化中腰的支撐強度。

此外，高樓層的鋁窗，不論是推開窗或是橫拉窗，都建議應加裝有「開口限制器」，以限制窗扇在開啟時的寬度，進而達到防制兒童意外墜樓的事故。

4

推開窗（圖右）與橫拉窗（圖左）的開口限制器都具有限制窗扇開啟寬度的功能，此項配件可以慎防幼童因為攀爬、探頭觀望、身體重心不穩而發生墜樓的意外。（圖片提供：亞樂美精品氣密窗）

CASE：**案例示範 A**

三面採光的高樓日曬窗

坐 落：新北市板橋區 · 詹宅

屋主夫妻在預售客變時間內，即委託陳焱騰設計師重新規劃 35 坪室內格局。由於三面採光，日照充足，而樓層又位在 16 樓，更能享受居高挑遠的景緻。

環境 評估　高樓層受到路面車流的噪音干擾較小，然而卻有著較大的風壓問題，且三面採光，客廳及主臥房的鋁窗又座向朝西，日照雖然充足，但卻有西曬的熱輻射問題，睡眠也會受到影響。

設計 對策

（1）　鋁窗型式無法變動，只能從玻璃規格改變

由於社區為新建大樓，建築外觀受到嚴格的管制，無法就外部所能見到的窗型、塗裝、玻璃色澤進行變更；此外，因建商所採用鋁窗的玻璃溝槽僅為 16mm，在無法安裝複層玻璃的情形下，建議將建商所配的 8mm 單層玻璃，全數更換為 5mm+5mm 膠合強化玻璃，以提高玻璃強度，減緩大風壓時的形變，並藉由膠合玻璃的夾膜來降低熱源的傳導，使室內的燥熱情形獲得一些改善。

（2）　善用窗簾，減少光照程度

受到社區管委會的規範，玻璃無法變更為遮光性較好的色板玻璃或半反射玻璃，因此，在咖啡桌旁的觀景窗採用了百葉窗簾，隨時擁有柔和光影效果；客廳的落地窗則採用雙層紗簾，維持日照通透卻不刺眼。

圖片提供 a space..design

引光納氣的大樓窗設計

坐 落：台中市 · 瑞柏盛辦公大樓

瑞柏盛辦公大樓為中部知名建築公司的企業總部，位處台中市南屯區，因建築造型別具特色，且有地景上的顯著性，堪為該區地標。

環境評估	辦公大樓因四面空曠，為不折不扣的大風壓環境區域；在設計時除需考量鋁窗的結構強度外，窗型也必須要能營造良好的採光及視覺效果，而鋁窗的色系還要能與建築物外觀相互搭配，不會有搶了建築風采或給人視覺撩亂之感。

設計對策

（1）框體採用低調的消光塗裝

由於建築物以淡雅的淺色系為主體，因此鋁窗塗裝特別選用了「鋁本色鋼珠艷消」，此種塗裝保留了鋁材的金屬原色，加以鋼珠微粒的拋光霧面處理，使其具有內斂的典雅質感，並與建築物的淡雅外觀完美結合。

（2）窗扇採「非等比式」的大小配規劃

本案窗戶在外牆結構上佔有相當比例的面積，使得每一樘窗戶的開口都相對較大。然而，空曠區域所面臨的風壓條件較為嚴苛，因此在窗型規劃時，部分窗型採用了大小配的二片式窗扇設計（一片窗扇較大，一片窗扇較小），取代原本應為三片或四片式的等比式窗扇，如此除能以大片的窗扇來保留較佳的景觀效果外，由於窗扇片數相對減少，所以窗扇與窗扇間的疊合鋁料數量，也會減少一至二處，這樣大風壓來襲時，從疊合料位置發生滲風、口哨聲、漏水的風險性，也就降低了。

（3）把手降高設計

由於窗戶的開口較大，為確保人員的安全，因此鋁窗的下層多設計為不能開啟的固定窗，以使鋁窗能有一個適當且安全的距地高度；而為了便利窗扇的啟閉，把手位置亦特別做了降高處理，讓把手的使用不會受到窗扇高度偏高的影響，而有不好操作的問題。

圖片提供：亞樂美精品氣密窗

　　低樓層及透天厝住宅鋁窗緊鄰馬路、巷道等動線的機會較高,因此臨路面鋁窗的性能訴求,應以隔音性、安全與隱私為主要考量;建議消費者在規畫窗型時,可優先選用固定窗與推開窗的窗型組合,並搭配較厚或多層的膠合玻璃,門窗除能具有較佳的隔音效果外,因固定窗與推開窗為無法開啟或窗扇的開啟面較小,因此可以在不需要加裝鐵窗或格子窗的狀況下,達到較佳的防侵入安全效果,且景觀視覺也較不受到遮蔽。

　　如果家中的窗型為遵從社區規定,或有其他因素考量而須使用橫拉窗時,也應選擇氣密等級較佳,且附有開口限制器與窗扇防盜鉤片的產品,並搭配較厚或多層的膠合玻璃,這樣才能達到隔絕室外噪音與防止窗扇由室外被拆下的效果。

　　此外,因低樓層的窗戶比較容易被路人窺探到居家的生活,因此較私密的生活空間,如:臥房、浴廁等空間的窗戶,建議能搭配使用透光但不透明的銀霞、噴砂、夾紗、白膜等款式玻璃,以確保個人的隱私安全。最後,由於低樓層的住宅外觀與透天厝的建築風貌都較容易被外人所觀察與品評,因此,窗型的美觀性、特殊性都會影響房子的市場評價,所以在窗型的設計上可以做些特殊的嘗試,如:具有鄉村風格的大格子或圓弧式造型等,只是鋁窗的型材結構都是透過擠壓模具所擠製而成,如果鋁窗的造型太過特殊就可能無法製作,而只能另覓氣密性較差的鐵件、木作等材料的窗門了。

5 —— 臨路面的低樓層窗戶，受到車輛噪音的影響最劇，而位在路口環境，車輛在減速與
加速的過程，低頻噪音尤為明顯；因此，窗子的選擇應以氣密性佳的窗型為主，並
宜搭配較厚或多層式的膠合玻璃。（圖片提供：左大鈞）

6 —— 透天厝的建築風貌，較容易為外人所觀察與品評，而窗型的美觀性與特殊性恰能為
建築帶來畫龍點睛的效果，也能凸顯屋主的品味風格；因此，在窗型的設計上不妨
可依不同空間的用途性，來做大片景觀窗或特殊圓弧造型的規畫。（圖片提供：左大鈞）

7 —— 鋁窗的窗樘通常會設計有排水孔，以利窗扇與紗窗間的積水可以順利洩排（上圖左，
紅圈處），而這個排水孔也正是外側窗扇防盜鉤片（上圖中，紅圈處）在套裝或拆
卸時，所要對準的位置，惟有防盜鉤片對準了排水孔，窗扇才能套裝或拆卸（上圖
右，紅圈處）。（圖片提供：亞樂美精品氣密窗）

當開口限制器在開啟的狀態下，窗扇的防盜鉤片（或鉤塊）就無法被移動到排水孔
的位置，因此外拆式的窗扇就不容易被卸下；反之，如果鋁窗沒有防盜鉤片（或鉤塊）
的設計，則外拆式的窗扇把手如果未確實扣好，就能隨意的被拆下。

CASE：**案例示範 A**

巷道內的辦公室

坐　落：新北市 · 永和區

新北永和區的小院基地，為網路知名裝修平台—小院的展示、會議與辦公等多用途處所；會不定期舉辦各式與裝修有關的講座，並陳展有各式建材與工法的樣本，因此位置選定時，即以會員能方便抵達的捷運頂溪站附近舊式公寓一樓為基地案址。

環境評估

位在巷道內的環境尚算靜謐，但是一旦有機車行經巷道，引擎聲響便會在棟距很近的建物間折射與共振，使得噪音量變得格外刺耳，加上案場位在一樓，因此在鋁窗裝修設計時，特別依據每個房間的位置、環境特性、展示用途，規畫使用了推射窗、固定窗與橫拉窗等各種不同的窗型。

設計對策

（1）美觀考慮以低調消光為主

會議室的窗子正好在臨路面上，為使鋁窗的外觀發揮妝點門面的效果，塗裝特別選用了與牆面色澤具有反差效果的黑棕消光陽極處理，窗扇也特別採用具有歐式風格的大格子，捨棄一般所謂具有防盜效用的小格子，讓鋁窗更顯典雅與內斂。

（2）降低噪音：厚玻璃＋氣密 2 級

由於業者有室內裝修風格上的考量，臨路面特別採用了橫拉窗設計，而非隔音效果較佳的推開窗與固定窗；為確保橫拉窗的隔音效能，選用的產品除通過 CNS 3092 氣密 2 等級標準外，並搭配厚度達 10mm 強化玻璃，使美感與實用兼顧。

圖片提供：
亞樂美精品氣密窗

CASE：**案例示範 B**

抗風壓、隔熱兼具的透天厝用窗

坐 落：台中市 · 吳宅

透天厝多有其建築的獨立性，因此建物的外觀設計，要具有獨特性外，更需依據環境、座向來規畫窗子的型式與尺寸，才能兼具風格、視野、採光、納氣、安全、隱私等多重綜效。

環境評估

本案為獨立式透天厝，建物的四周未受到其他建物或地貌的遮障，因此環境的風勢會比較強，而座向朝東、西的日照量也會比較顯著，這些都是鋁窗在設計時必須要考量的問題。

設計對策

（1）**大型挑高落地窗的風壓設計**

　　為呈現較佳的景觀效果，並讓客廳的起居空間有不受束縛的空間融合感，因此窗的高度達到三米二；而為使這樘大型的落地窗能承受的住當地的環境風壓，落地窗除加裝襯鐵外，結構強度並依據環境風壓帶，進行評估以確保安全。

（2）**兼具隱私與安全的玻璃規劃**

　　獨棟建物的外牆窗體所占面積通常較高，採光性良好但受到日照熱源的影響也比較大，加上窗扇較多，生活隱私也有暴露的缺點；基於安全（防侵入）、降低熱輻射、確保隱私的需要，採用了 5mm+5mm 膠合強化的茶色玻璃，藉由強度較佳的玻璃，及較低的光穿透性，達到安全、降熱與防窺的效用。

圖片提供：亞樂美精品氣密窗

CASE：**案例示範 C**

懸臂開窗　放大空間感

坐　落：花蓮 · 民宿

這間出自海灘工作室設計的花蓮民宿，坐擁景緻怡人的青翠山景，位在休息室的鋁窗，特別以鋼構嫁接方式外懸於建築本體之外，讓居住者有種與大自然融為一體的感覺，而外凸式的窗型造景，搭配著黑色系的塗裝，除增加建築外觀的立體感外，也更添了一種新日式的硬邊風格。

環境評估	由於建築基地的縱深較窄，只有 240 公分，屬於橫長式的建築，使得室內空間顯得較為擠迫；而建物緊臨馬路，因此窗型與玻璃在設計時，還需考量隔音問題。

設計對策

（1）懸臂式凸窗設計

由於建築縱深較窄，因此採用鋼構延伸窗底基座的方式，讓鋁窗外凸 70 公分，而為增加空間的使用性與低遮蔽率的景觀效果，窗台高度也特別做了降高處理，頂架部分則採用透光的採光罩設計，使得室內使用空間、採光、景觀呈現、空間視覺的延展，都變得更好。但要特別提醒，懸臂凸窗需有足夠的支撐強度，才不致在荷載過重時，發生變形問題。

（2）出入門窗加設採光罩雨遮

進出建築的門窗，上方均加設了玻璃雨遮，除增加了單調牆面的層次感外，在實用上也降低了門口位置的受雨量，有效減緩落地式窗型在承受較大風勢時的滲漏水風險，並能在一般下雨的天候下，讓人員進出可以有個緩衝的空間撐、收雨具，而避免受到雨淋。

圖片提供：
海灘工作室

（3）不同材質併接的塗裝色差問題

由於鋼構材料與鋁窗在安裝完成後即為同一主體，所以顏色不宜有太大的色差，
以避免有違和的問題；然而鋼材的表面塗裝多以噴烤方式處理，因此如果鋁窗為陽極處理
時，就容易與噴烤處理的鋼材出現有色澤、亮度、質感上的差異；所以當鋁窗與鋼材有併接
設計時，二者最好都能採用以粉體烤漆為主的塗裝，外觀效果較能一致。

一般來説，平原與湖岸區的地貌，其零星座落之障礙物高度通常都小於 10 公尺，至於空曠區的認定，通常為建築物迎風向之前方 500 公尺，或取該建築物高度 10 倍的範圍內（兩者取大值）為平坦地勢，而附近之建物或障礙物高度亦多未超過 20 公尺；因此，平原與空曠區都是屬於平坦的地貌環境，也由於風勢的被破壞性較低，位在迎風面的窗戶在設計上，就與高樓層窗戶的需求概同，都必須要能承受較嚴苛的風壓條件，因此所選用的鋁窗，其抗風壓性能也是要能達到 360kgf/m^2 以上的標準，才能有較佳的安全性。

迎風面的風壓與受雨量

位在平原與空曠區迎風面的窗戶，若遇有下雨並伴隨有強風時，迎風面的受雨量就會比其他座向的窗戶來得嚴重，加上鋁窗在大風壓侵襲下，也容易出現撓曲的情形，並增加了漏水的可能性；因此，在迎風面的窗戶，最好也能採用以推開窗為主的窗型組合，因為推開窗本身有著較佳的氣密性與水密性外，窗扇開啟的方向又恰與風壓反向，所以當風勢來襲時，窗扇與窗樘間的密合性就會更為緊密，有助水密性的提升。

長期日曬量

　　另外，座落在平原與空曠區的建築物，因採光性比較沒有被鄰近障礙物遮障的問題，所以室內的光線都會較為充足，而受到陽光直射的窗戶，應設法降低熱傳導與光線穿透時所產生的熱輻射。因此，受到陽光直射的窗戶可採用吸熱性較差的白色系塗裝，這樣就能降低熱源的吸收率；至於在玻璃方面，則建議可以採用膠合或複層式的有色玻璃或半反射玻璃，甚至是 Low-E 玻璃，如此也能降低光透率與熱輻射穿透率，進而達到提高阻熱的效果，增加居住的舒適性。

8 —— 選用具有斷熱設計的鋁型材或白色系塗裝的鋁窗，並搭配使用複層玻璃、有色玻璃，甚至是 Low-E 玻璃，都能降低熱源的穿透，只是不同的玻璃種類，價格也會有所差異，因此選購時，可以依據實際的阻熱需要及預算狀況，來決定選購何種玻璃。（圖片提供：左大鈞）

空曠地區的大開窗設計

坐 落：宜蘭三星鄉 · 民宿

台灣東北部的宜蘭，景色怡人，可謂是台北都會區的後花園，每每到了假日之際，遊人如織，本案場即位在這有著好山好景的宜蘭三星鄉，建築遠離塵囂並隱身於田園之間，入住者可享受體驗反璞歸真，與世無爭的自在感受。

環境評估

宜蘭的地域風勢本就較為強勁，光是東北季風吹襲，就彷若置身在強勁的颱風之中，加上建物四周地貌較為平坦，均是廣闊田野，使得風壓問題更顯嚴峻，也因為是民宿建築，為保有良好的景觀效果，大尺寸的窗型即不可或缺；因此，窗型在設計上，就必須更重視結構強度的安全問題。

設計對策

（1）推開窗與固定窗的併窗設計

由於面向東北的窗戶受到風壓的影響最為劇烈，在風雨交加的天候下，就容易因為鋁材的撓曲而出現漏水的情形；因此，面向東北的窗戶多設計為水密、氣密性具佳的推開窗與固定窗的併窗組合；而併窗的特點，除了在縮小單片的玻璃面積，有助提高強度外，鋁窗併接的鋁材，同樣也具有抑制撓曲、降低形變的效果。

（2）特殊拱型鋁窗設計

因民宿位在田野之間，故而建物採歐式鄉村風設計，而為使鋁窗的造型能與建物風格相輔相成，部分小型窗及進出門還特別選用拱形的圓弧造型，除讓門、窗跳脫制式的方正框架外，也讓建築更添風采。

（3）玻璃規格選用

民宿周遭環境雖沒有顯著的噪音情形，但卻有大風壓問題，因此，針對落地式的大型玻璃，特別選用了 6mm+6mm 的膠合雙強化玻璃，以確保玻璃的強度與安全性；也由於建築四周並無其他遮障，使得光線充足且熱輻射狀況也較為嚴重，所以玻璃也特別選用具有較佳阻熱效果的低輻射 Low-E 玻璃。

圖片提供：
亞樂美精品氣密窗

CASE：案例示範 B

光是窗　就改變身處的世界

坐　落：花蓮　·　民宿

建築改建前，原來的舊鋁窗有著一支粗大中腰鋁材破壞了景觀外，連氣密、水密性也都已不符合環境需要；因此，女主人想要打掉重練的念頭油然而生。為了不辜負案場周遭的滿滿綠意，建築造型即採用歐洲古典鄉村風格的設計，而鋁窗則以大型窗格來做提襯，讓人一坐在窗邊，即能浸淫在浪漫與疏懶的氣氛中。

環境評估

鄰近的建築零散錯落，花木扶疏，讓人有置身歐洲田園之感，但畢竟花蓮位在颱風的熱帶上，因此窗型設計時，除不能破壞建築風格外，更必須針對窗框、玻璃的強度進行縝密規劃。

設計對策

（1）鋁窗的大格條設計

在此建築中，窗戶佔有絕大的面積算是視覺主體，因此在設計上特別採用框體簡單俐落的固定窗為主架構，再搭配細格條、大間距的方式來做規劃，除可營造出窗子的美感外，大格子也不會有破壞室外景色的問題，或因為窗格過於密集而讓人有不舒服的感覺。

（2）玻璃強度要注意撓曲現象

在常見的颱風路徑上，花蓮多首當其衝，且因為沒有山脈的屏障，因此風勢多來得強勁；本案場的固定窗開口面積都比較大，所以撓曲的現象就會特別明顯，而為了減緩玻璃的變形量，玻璃特別選用 6mm+6mm 的膠合雙強化規格，且透過鋁窗格條的支撐，也適度抑制了玻璃的形變程度。

（3）將未來褪色都納入塗裝選擇的評估

鋁窗塗裝特別選擇了黑棕色消光的陽極處理，讓流利的窗體多了一份沉穩外，陽極處理的耐候特性與消光沒有光澤褪暗的顧慮，都適合海風、日照較大的花蓮地域環境。

圖片提供：
海灘工作室

圖片提供：
海灘工作室

2-5 空氣清新、親近自然的
山林區窗戶

　　位在山林區的房舍，雖然有著清新與寧靜的環境，但天候有雨的頻率卻會比平地高出許多，且因山林區的植披、樹叢較多，而日夜溫度的變化也比較大，所以水氣、霧氣與濕度的情形都會明顯偏高；因此，選用在山林區的窗戶須有一定的水密性與氣密性，這樣才能達到防止雨水滲入室內的效用，山林間的水氣與霧氣也不容易因為氣密效能不佳，而滲入到室內，並導致室內過度潮濕，或是造成屋內溫度偏低，無法有效保暖的情形；由於山林區不見得都會有大風壓及噪音的問題，所以較不必擔心鋁窗會因為撓曲而造成氣密與水密不良的狀況，因此只要氣密性與水密性良好，不論是推開窗或是橫拉窗都適用於山林區。

確保室內溫度

　　山林區的夜晚都較為寒涼，尤其緯度較高的山區，更容易因為室內與室外有明顯的溫差而出現有結露的問題，因此在玻璃的選擇上，位在緯度較高的山區建議使用複層式玻璃，這樣就能抑制室內與室外的溫度交換，並確保室內的溫度不易流失，而玻璃也不易出現有結露的情形，而緯度較低且較無結露問題的山林區，可依玻璃面積的大小，來決定使用何種厚度的單層玻璃即可。

小心蚊子與昆蟲

　　另外，山林區的蚊蟲較多，因此紗網建議可選擇網目密度較高的太陽紗網，這樣小黑蚊或體積較小的昆蟲，就不容易從紗窗上的網目鑽入到室內；而除了山林區外，鄰近農田、果園、花圃、水溝等位置的住家，也多會有蟲、蚊、蟻的聚集，因此紗窗也建議使用網目密度較高的太陽紗網。

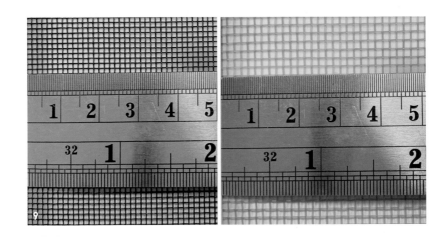

9 ── 由於山林區昆蟲較多，且許多蟲蟻又有趨光性，每每到了夜晚，或是大雨來襲前，
　　　　窗前總會出現許多的飛蟻、小飛蚊與飛蛾聚集，所以紗網網目的大小就成了是否能
　　　　夠有效阻絕小蟲子鑽入到室內的關鍵；由於一般紗網的網目密度大約是一英吋有
　　　　14~16 個網目（圖右），而太陽紗網則為一英吋有 18~20 個網目（圖左），因此位
　　　　在山林、農田、果園、花圃、水溝或蟲蟻較多的環境，都建議應使用網目密度較高
　　　　的太陽紗網。（圖片提供：左大鈞）

CASE:案例示範 A

極美山區的別墅窗

坐　落：陽明山 · 別墅

位在陽明山的別墅，天氣好時，猶如陶淵明筆下的桃花源，但是一到冬天，強勁的東北季風幾乎會將人吹跑，呼呼的風嘯聲更是擾人睡眠，也破壞了山野應有的恬靜舒適氛圍。

環境評估

陽明山風景優美，但因為地勢較高，除了風勢較大外，冬季也較為寒冷，因此寒冬時，會有較嚴重的結露狀況；此外，陽明山附近有多個硫磺溫泉區，因此硫磺氣味較重，塗裝也可能會有褪色的情形。

設計對策

（1）窗型的規劃與設計

- 為兼顧景觀與鋁窗結構強度，景觀面採用大型固定窗併推開窗的組合式窗型；而面向溫泉區的窗戶也多是採用氣密性較佳的推開窗，以阻絕硫磺氣味滲入家中。
- 位在二樓以上的落地景觀窗，在窗體下端分隔出一層固定窗，除藉由玻璃尺寸的切割，來提高鋁窗的整體強度外，下部的中腰鋁材在視覺上，也能提供一個類似防護圍欄的安全警示效用。
- 本案場亦有部分鋁窗採用拱形的圓弧設計，讓建物的窗面開口多了一些別緻的樣貌。

（2）兼具保溫及阻絕風嘯聲的複層玻璃

山區環境除了濕氣較重外，日夜溫差也格外明顯，因此鋁窗特別選用複層玻璃來做搭配，以減緩熱交換的速度，確保室溫不會降得太快；複層玻璃除有保溫效果外，也有抑制結露及阻隔風嘯聲的效用，加強居家生活的舒適性。

（3）善用太陽紗網提高防蟲效果

夏季開窗通風的同時，也等同打開了蟲蛾進入室內的路徑；因此，紗窗也特別選用網格較小的太陽紗網，降低了小黑蚊或體型較小飛蟲鑽入室內的機會。

圖片提供：
亞樂美精品氣密窗

CASE：**案例示範 B**

依山而建 著重防潮、防寒、防結露的鋁窗需求
坐　落：台北市文山區李宅

本案場鄰近台北市文山區政治大學，為依山而建的社區，景色雖然優美，但因不大的坪數卻分隔了三個房間，使得每個獨立空間中的窗型無法設計得太大，而影響到景觀的呈現效果；而隔間牆過多，除讓空間變得侷促外，也使得室內光線顯得不夠透亮。

環境評估	案場位在市郊，景色怡人但受到格局的破壞，景觀、採光都受到影響；另因地域空曠，受風勢、雨勢的影響都比較大，也使得原本就密合不良的鋁窗，更容易出現滲風與漏水的問題，且每到寒冬，也容易會有低溫、冷風滲入室內的情形，讓原本幽暗的居室更顯得寒涼。

設計對策

（1）室內格局重新規劃
- 因業主的子女均已成家遷出，因此希望進行格局改造，在陳焱騰設計師的重新規劃下，將三房格局改為兩房，除增大了公領域與私領域的空間外，鋁窗面積變大、隔間牆減少，也讓採光更能通透整個居室。
- 客廳的臨中庭牆面，除保留可以進出陽台的落地窗型外，其餘牆體敲除更換為推開併固定窗的組合式窗型，讓採光可大片的流瀉於客廳中。
- 落地窗因挑高不足無法裝設氣窗，因此開啟落地窗通風時，會有風量較大的問題；而組合窗的推開窗能以小縫隙開啟，因此進風量較為徐緩，可在不需大通風量時，替代落地窗狹長開口所帶來的較大風勢。

（2）複層玻璃讓冬天的保暖效果更好
木柵山區在秋冬時，多雨寒冷且樹木扶疏因此濕氣也比較重；所以鋁窗除選用氣密 2 等級的產品，讓寒冷的空氣不會滲入室內，在玻璃的規格上，也以 5mm+6mm 空氣層 +5mm 複層強化玻璃來做搭配，以減緩熱傳導的效應，讓室外的高溫或低溫不致影響到室內的舒適性。

圖片提供：
a space..design

2-6

與大海為伴的
臨海與離島區窗戶

● ● ● ● ● ● ●

　　擁有海景的窗戶，可以盡覽海天相連的美景，然而臨海或位在離島的建築，在享有美麗景緻的同時，也必須得承受得住風勢的考驗，因為臨海的環境，地勢也多為平坦，因此，鋁窗在選擇時，就與平原或空曠區的窗戶概同，都必須要能承受較嚴苛的風壓條件，鋁窗的抗風壓性能應能達到 $360kgf/m^2$ 以上的標準，才能有較佳的安全性，而在迎風面的窗型選擇上，最好也能採用以推開窗為主的組合式窗型，如此才能在強風豪雨時，降低雨水滲入室內的風險；至於在玻璃方面，必須依照該地區的環境風壓條件，來計算適宜的玻璃厚度，以確保強風來襲時的安全性，而為讓居住者在室內的視覺感受是與大海相連而沒有隔閡，面海窗戶的玻璃建議以透明的無色清玻璃為主。

海邊的酸鹼與鹽害 vs 表面塗裝

　　特別要提醒，由於臨海與離島地區的鋁窗塗裝，比較容易受到酸鹼物質、鹽霧、日照紫外線的影響，而產生塗裝色澤與光澤亮度上的改變。各類塗裝面對臨海環境的表現：

一、　　**氟碳烤漆**：自潔性較高，因此酸性、鹼性、鹽霧物質的附著性較差，故而在耐候性的表現上，會較優一些。

二.　　**粉體烤漆塗裝**：雖然色澤選擇性較多，但深色塗裝在嚴苛環境下，容易因為酸鹼、鹽霧物質的附著與化學反應，而

出現明顯的褪色情形，尤其是砂面粉體塗裝，因表層粗糙，更容易讓酸鹼、鹽霧物質附著在塗裝面上，而使得褪色狀況更為嚴重；如臨海區的鋁窗要選用粉體烤漆，建議宜選用白色系的塗裝，雖然白色系的塗裝同樣也會有光澤亮度變差的情形，但褪色的狀況就不會像深色塗裝那樣明顯。

三．　**陽極處理的類型：** 因其藉由電解在自身的氧化皮膜層上發色，而非附著式塗裝，所以比較沒有褪色問題，只是表層上的亮光透明塗膜，與粉體烤漆相同，都是藉由烤爐加熱的方式附著的有機塗膜，因此也同樣容易受到紫外線、鹽霧的影響，而出現光澤變差的狀況；如果擔心陽極處理的亮光塗膜光澤變差，建議在選擇陽極處理的塗裝時，可採用消光塗膜，因為這種塗膜不像亮光塗膜有日久變得暗沉的顧慮，且消光塗膜雖然沒有金屬材質的光亮耀眼，但在視覺感受上也相對較為內斂、大器。

由於氟碳烤漆、粉體烤漆、陽極處理的塗裝成色或發色方式不同，因此物理特性與鈍化效果也會有所差異；另外，各種塗裝在製程中所使用的設備、程序、時間、原料、電力需求、廢液處理成本都不同，導致價格差異頗大，所以唯有依環境實況、預算條件來選擇合適的塗裝，才能讓各種塗裝的特性得以適材適所的發揮，裝修的預算也才能花在刀口上。

10 —— 臨海區的環境通常風勢也較為強勁，因此選用推開窗為主的組合式窗型，可以保留完整的海景，並確保氣密與水密無虞；而為讓居住者在室內的視覺感受是與大海相連而沒有隔閡，面海窗戶的玻璃宜以透明的無色清玻璃為主；塗裝則可選擇內斂、大器，且較無光澤褪淡顧慮的陽極消光。（圖片提供：海灘工作室）

CASE：**案例示範 A**

大強度的頂樓玻璃屋

坐　落：花蓮　· 臨海民宿

人的內心都潛藏著一些狂野的心性，渴望獲得解脫，不受拘束的生活；所以，這間由李自暐設計師所操刀設計的臨海民宿，最大亮點就是頂樓以鋁窗為牆的客房，及可以同時一覽無邊大海、青翠山脈與蔚藍天際的玻璃屋澡間，讓遊客能在此拋開世俗的枷鎖，享受著海、天、山、人一體的豪放與自在。

環境評估　民宿緊臨海濱，嚴峻的風勢與日照，為鋁窗設計時所要考量的首要重點；其次就是運用各種窗型的特點，讓結構設計簡單化，以避免出現視覺上的累贅感，並達到最佳的景觀呈現效用。

設計對策

（1）座向選擇

臨海的環境除了東北季風外，颱風也多是從東北方向吹來，因此建物在設計時，即刻意避免在座向朝北、東北的位置設計大型景觀窗，以避開強烈風勢直接侵襲大型景觀窗，而造成框體結構與玻璃的損害。

（2）固定窗是景觀呈現的最佳選擇

固定窗沒有能夠活動的窗扇，因此鋁材的結構會比推開窗、橫拉窗都來得簡單與俐落，且在相同尺寸條件下，固定窗的玻璃見光尺寸會比推開窗及橫拉窗都來得大，所以最適合拿來做景觀窗使用；此外，施工無虞的狀況下，固定窗通常不大會有漏水的問題，所以也適合使用在受雨也受風的位置上。

（3）玻璃的強度與阻熱必須同時兼顧

雖然固定窗適合做為景觀窗之用，也適合使用在受風與受雨的位置上，但因本案景觀窗的尺寸都較大，所以熱傳導性與撓曲狀況也會比較明顯；因此，民宿採用了 6mm+6mm 膠合雙強化的低輻射 Low-E 玻璃，以確保結構安全及居住的舒適性。

（4）運用推射窗維持浴室地面乾燥

浴室過度潮濕，除容易造成地面、壁面發霉外，也容易產生滑倒受傷的事故，因此浴室中均設計有窗扇可由下往上開啟的推射窗，這種窗型的開啟面較小，所以通風量較為緩和，雨水也不容易潑入室內，可有效維持浴室內的氣流循環與乾燥。

（5）鋁窗要常保如新，塗裝必須能耐鹽霧

本案鋁窗選用黑消光陽極處理，因陽極處理的塗裝是透過電析方式發色，而不像粉體烤漆是透過塗料附著的方式上色，所以塗裝受到污染、酸雨與鹽霧而褪色的情形，就較為不明顯；此外，以陽極處理的鋁材表面，會比粉體烤漆光滑，

因此細微污染物、塵沙與鹽霧顆粒的附著性就比較差，相對而言，塗裝的耐久性也會比較好。

圖片提供：
海灘工作室

超大尺寸或合約另有特殊要求時，鋁窗製造商應提交強度計算書，供設計單位審核確認，以確保鋁窗實質強度無虞；此外，鋁窗生產過程中也需視合約所訂內容，抽樣送至風雨實驗室進行強度測試；惟強度計算書及抽樣檢測的必要性與執行方式，仍需以合約規範為準。

　　所謂的玻璃屋，就是將建築物的立面與屋頂，以大片式的窗框與玻璃來架構一個室內空間，而玻璃屋除了有以玻璃為主的採光罩作為屋頂外，立面也會是以落地式的鋁門窗或腰窗來作為隔間牆與支撐骨架，通常玻璃屋會被運用在主建築結構的外部空間，如庭院、露台或是頂樓等地方，而這些位置通常會有較大的風壓，所以立面的鋁窗就容易在承受強烈的風壓時，出現有撓曲的問題；如果玻璃屋並不是安裝在受風面環境，或是用途僅只是作為花房、玄關的緩衝空間等非主要的生活區域，窗型在規畫上就較無特別的要求，因為在強風豪雨天候下，窗戶出現滲漏水時，並不會為生活帶來太大的不便。

作為工作室用途的玻璃屋

　　如果玻璃屋是位在迎風面上，且是作為工作室、琴房、休閒室、閱覽室時，就建議應採用氣密性與水密性都相對較好的推開窗與固定窗的組合式窗型，而對外的連通門，也建議應採用有加壓效果的氣密門，且門開向應為外開並加配門弓器，如此才能有良好的氣密與水密效果，而玻

（圖片提供：左大鈞）

璃屋在組裝時，也建議能在主要的支撐骨架中加裝襯鐵（如上圖），這樣整體的支撐性較強，也不易在強風肆虐下發生變形。

　　假使玻璃屋與主建築相連，則相連的隔間牆面也可規畫為能夠完全開啟，且門扇具有較優收納性的多扇式折疊門，這樣就能讓玻璃屋的空間與主建築的客廳或其他室內空間相互連通，成為一個更大的活動、聚會場所，這樣空間的結合效果與運用效益就會更好。

玻璃的搭配

　　由於玻璃屋主要的面體多是由玻璃所組成，因此最好能夠採用總厚度在 10mm 以上的膠合強化玻璃，除了能有較佳的結構強度外，當強風來襲時，玻璃如不慎被飛來的物件撞擊，也才能有足夠的防護效果；此外，因玻璃屋的屋頂與立面多為玻璃所組成，因此陽光穿透性良好，尤其是屋頂更將是熱輻射的主要路徑，而為能降低玻璃屋因充分的日照所造成的燥熱，屋頂採光罩玻璃可採用不透明或低輻射的 Low-E 玻璃，東、西向的玻璃亦可選用低輻射的 Low-E 玻璃來提高隔熱的效果。

（圖片提供：海灘工作室）　　　　　　　　（圖片提供：左大鈞）

紅磚牆玻璃屋計畫

坐 落：花蓮 · 民宿

這棟民宿是由舊樓改建而成，也是李自暐設計師為業主規劃的第三個民宿案場；由於原本的建築造型並沒有獨特性，因此空間規劃設計時，特別將一樓區域向主建築外延伸，而這個向外延伸的獨立區域，則採取了穀倉造型的玻璃屋設計，使整個主建築因為穀倉玻璃屋而別具風貌。

環境評估

基地座落在四周都是建築物的群體中，屬封閉型的區域環境，除了座向背陽，低樓層的採光也容易受到鄰近建築的遮蔽，而導致一樓的公共活動空間顯得昏暗；因此，如何引光入室，並利用外圍的路樹來營造親近自然的氛圍，即是裝修規劃的發展主軸。

設計對策

（1）穀倉式玻璃屋結構要低調

有別於一般平頂式的玻璃屋，民宿採用的則是斜頂式採光罩設計，除能讓視覺的穿透更廣闊外，路樹綠蔭也能有較好的映入效果；而玻璃採光罩搭配磚牆結構，讓不起眼的建築多了一些美式莊園的樣貌，而黑消光的鋁窗與鋁格滑門，也增添了一分洗練的工業風韻味。

（2）讓氣流貫通的鋁窗，三面開向安排

為了讓室內與戶外的活動產生密切連接，並達到視覺穿透的空間放大效果，玻璃屋在三個座向面上，設計有可開啟的窗扇或清簡的鋁格滑門，讓視覺的空間感與空氣的流通性都變得更好。

（3）引光不引熱的玻璃規劃

玻璃屋的景觀性與光穿透性都非常良好，因此室內也容易受到熱輻射的影響而顯得十分燥熱；此外，玻璃屋四周有為數不少的樹木，颱風來襲時，就難免會有斷落的樹枝砸在玻璃採光罩上；所以民宿特別採用 6mm+6mm 膠合雙強化的低輻射 Low-E 玻璃，以降低玻璃的熱流貫率，並達到較強的抗形變與耐撞擊效果。

圖片提供：海灘工作室

2-8 多一些收納與物品放置空間的 凸窗

　　許多人在規畫陽台用窗時，喜歡將鋁窗設計在女兒牆外的延伸鋁封板上，使之成為所謂的凸窗；一般來說，凸窗概有兩種設計型式，一種為單純的鋁封板延伸式凸窗，另一種則是在女兒牆的外緣再加設可做為收納物件用途的置物櫃。

　　雖然，凸窗可以延伸室內的使用空間，但畢竟鋁窗只是架設在鋁封板上，而非 RC 結構牆上，也由於鋁封板的厚度、密度與強度都比不上 RC 結構牆，因此凸窗的隔音效能，以及鋁框的結構穩固性也相形較差；當雨勢較大時，雨水打在凸窗頂板與側板就會出現噠噠的吵雜聲響，尤其在夜深人靜之時，更會令人難以忍受與入眠；再者，低樓層住戶通常比較容易受到低頻音源的干擾，而低頻音源又具有較大的傳遞能量，因此位在低樓層或緊臨交通要道的凸窗，室外噪音就能輕易透過鋁封板的震動而從凸窗的四周傳導入室內。

冬冷夏熱與載重限制

　　因凸窗的頂部、底部、兩側可能都是鋁封板所組合而成，而鋁封板本身又為金屬材質，因此具有絕佳的熱傳導效應，這也使得凸窗的室內面，在夏天時會讓人覺得格外燥熱，並容易感覺冷氣的冷房效果不佳，而冬天時也會令人覺得特別寒冷，且結露的冷凝水狀況也會變得特別嚴重；由於凸窗無法為居家提供有效的阻熱與保暖效能，也勢將提高了家中空調、除濕設備的電費支出。

18 —— 所謂的凸窗，就是將鋁窗安裝在女兒牆之外的空間上，以增加室內的可用空間。

19 —— 有置物功能的凸窗設計。（圖片提供：左大鈞）

20 —— 凸窗底板不若 RC 結構厚實，因此阻絕噪音的效果較差，尤其是能量較大的低頻音源更容易讓底板出現抖動的問題。（圖片提供：左大鈞）

21 —— 由於凸窗是懸掛在女兒牆面之外，因此固定架的強度與安裝密度，都會影響到凸窗的結構安全性，安裝時應特別留意。（圖片提供：左大鈞）

凸窗會有隔音、隔熱不良與載重限制上的考量，實在不需選擇等級太高的鋁窗，或是規格較佳的玻璃，因為不僅浪費預算，也糟蹋了鋁窗與玻璃的性能；且如果選用了過厚的玻璃，也容易加劇凸窗底部與固定架的負荷，日久之後，窗架就可能會發生下垂變形。

費用

既然，凸窗無需選用等級較佳的鋁窗與玻璃，因此許多人會直覺認為，凸窗的費用應該會低一些才對，其實不然，因為凸窗需要使用到大量的鋁封板（尤其是當下部有製做延伸的置物櫃時），且現場施工的複雜性與危險性，也比在 RC 結構面上立窗來得高，因此費用也可能會比正常的鋁窗安裝，高出至少 2 倍以上。

如果凸窗安裝在受雨面，或使用的空間與客廳打通，而非單純的陽台空間，則建議應使用水密性較好的窗型，否則一旦發生滲水，勢將影響室內裝潢與家具；而如果滲水又流入凸窗下層延伸的置物櫃時，櫃內的物品可能泡水損壞，且積水不易清理也會加重窗架的負荷，影響結構安全性。

凸窗在規畫與使用上，還有幾點事項提醒：

要點 ❶ 凸窗外緣勿向外延伸超過 50 公分，以免窗扇離人的站立位置過遠，而導致把手操作困難；另外，凸窗外延愈多，兩邊的側窗及頂架面積也就愈大，重量也會變得更重，進而加劇了側窗與牆面間的固定螺絲、底部固定架與鋁封板的承載負荷，並增加了結構鬆動或變形的風險；而凸窗安裝時，亦應確認社區管委會或相關法令有無限制。

要點 ❷ 凸窗搭配的窗型，不宜使用推開窗，因為推開窗開啟時，重心位置會更往外移，而加重窗架的負擔；且推開窗開啟後，把手會離身體站立的位置更遠，也不利窗扇的操作。

要點 ❸　擺放在凸窗鋁封板上或置物櫃內的物件勿太重，以免加劇固定架與鋁封板的負載，而影響到安全性。

要點 ❹　置物櫃勿擺放易受溫度影響而變質的物品，因為鋁封板具有吸熱與結露的特性，易使物品損壞或發霉。

要點 ❺　窗簾滑軌建議以魔鬼氈方式固定，不宜以螺絲鑽鎖在凸窗的窗框上，以避免鑽孔成為滲水的路徑，而衍生漏水的問題；且窗簾布亦應選擇輕質產品，以免增加凸窗的重量。

要點 ❻　如凸窗安裝的位置屬於受風面時，應選擇強度較佳的固定架，且固定架的安裝間距不宜超過 45 公分，這樣才能緊固鋁封板，否則當外部風壓過強時，就可能會出現凸窗上方頂架與下方的底板相互壓擠的情形，進而壓迫到夾在中間層的窗體；狀況輕者，易造成鋁窗滲水，狀況嚴重者，則窗框發生脫落、變形或鋁料折裂等問題。

22 —— 垂直風壓會使凸窗下方的底板與上方頂架出現晃動，並造成相互壓擠的情形（圖左）；狀況輕者，易造成窗扇密合不良的滲水問題，狀況嚴重者，則窗框（圖右）發生脫落、變形或鋁料折裂。

要點 ❼　如果女兒牆結構不佳、牆面太薄、已有嚴重龜裂或陽台外凸部未植鋼筋等狀況時，凸窗的架設將會加劇女兒牆的負荷，而使牆體存有崩塌的顧慮；此外，凸窗固定架的鑽釘，將使女兒牆原有的龜裂現象變得更加嚴重，除影響結構的安全外，也容易使牆面出現滲水與壁癌等問題。

2-9 家有老小的
全齡宅鋁窗規畫思維

　　全齡化住宅，簡單的說就是居家的機能可以同時滿足老、中、青、幼等各世代的需要；其實鋁窗在規畫時，也必需設想到各個年齡層的適用性，尤其對於銀髮長者、幼童更應著重他們在使用門窗上的便利性與安全性，畢竟銀髮族與幼童的體能狀況遠不及年青人，因此在開啟較重門窗時往往會有較大的體力負擔；此外，銀髮族與幼童居家的時間通常比較長，門窗的使用頻率也相對比較高，而幼童又具有較高的好奇心，並對安全的知覺尚未成熟，稍一不慎，就容易發生意外。因此，全齡宅的鋁窗規畫，應將省力把手、開口限制器、門弓器等配件，一應納入考量。

　　有些年長者不習慣使用空調，而喜歡藉助自然風來達到空氣的對流，然而傳統式的門窗在開啟時，往往容易讓室外的雨水及沙塵伴隨著風而進入室內，尤其在冬天時，年長者更受不了寒風直接吹在頭上的不適感覺，因此如能搭配具內倒或氣窗的設計，除能讓空氣舒適對流外，有效控制風勢的流量，也能避免室內物品被強風吹倒或吹落而肇生砸傷意外。

　　另外，銀髮族睡眠品質的好壞攸關他們的身心健康，然而隨著年紀漸增，對中高音頻的聽覺反應也會慢慢退化，反而對低音頻的感受變得較為敏感；因此，在選購門窗時最好能選擇氣密性較佳的鋁窗，並搭配使用較厚的膠合玻璃，這樣才能有較佳的隔音效果；降低了室外噪音的干擾，有助睡眠品質的提升，生活也才能更健康與神清氣爽。

　　而浴室用窗，通常最容易被忽略其重要性，因此，換窗時多會選用等級一般的鋁窗與玻璃；但家中如有銀髮長輩或幼童，仍建議浴室用窗能選擇氣密性較好的窗型，並搭配複層或較厚的玻璃，以避免冬天盥洗時，因為室外寒風吹進浴室，而感染風寒或誘發心血管疾病。

　　如果家中銀髮長者需要仰賴輪型輔具，或家中幼兒正在學步中，或家中成員有行動不便者，在設計進出用途的落地窗時，即應採取無障礙（無門檻或懸吊式滑門）的設計，才能讓銀髮族、幼童、行動不便者可以輕鬆、自在且安全的進出，不用擔心被門檻絆倒而受傷。

23 —— 多數年長者因末梢神經的血液循環不良而會有怕冷、怕吹風的情形；內倒窗與氣窗可以減緩寒風吹入室內的流量，居家更舒適。（圖片提供：左大鈞）

24 —— 良好的氣密性可防止冷風滲入，避免長輩或幼童在洗澡時溫差受寒。（圖片提供：a space ..design）

25 —— 無障礙的進出通道，讓年長者與行動不便者進出更加安全，也讓他們的活動空間可以自在的向外延伸。（圖片提供：左大鈞）

無障礙設施設計規範

依據內政部頒定的「建築物無障礙設施設計規範」，建築物無障礙的通道、出入口需求，摘要如下：

- 無障礙出入口內外側 120 公分範圍內，應平整、堅硬、防滑，不得有高低差，坡度大於 1/50。
- 無障礙出入口的門扇開啟時，地面應平順不得設置門檻，且門框間之通行距離不得小於 90 公分。
- 門把應設置於地板上 75 ～ 85 公分處，且門把應採用容易操作之型式，不得使用喇叭鎖。
- 折疊式門扇應以推開後，扣除折門開啟所佔空間之距離，不得小於 80 公分。
- 門扇或牆板為整片透明玻璃時，則應於距離地面 120 公分～ 150 公分高度處，設置告知標示。

無障礙出入口的地面應平順，並不得設置門檻，且通行距離不得小於 90 公分。
(圖片提供：左大鈞)

NOTES：
各種環境條件的鋁窗與玻璃選用參考

窗型設計除了須考量地況與座向條件外，如果鋁窗所在位置有特殊的環境問題，亦可依下表所列的各項環境因素，來選用適切的窗型與玻璃：

環境問題	適合的窗型順序	適合的玻璃順序
❶ 噪音面	1. 推開窗 2. 橫拉窗 3. 其他窗型	1. 膠合玻璃 2. 複層玻璃 3. 單層玻璃
❷ 西曬面	1. 具有斷熱設計的產品 2. 窗框寬度為 10 公分（含）以上窗型 3. 窗框寬度為 8 公分窗型	1. Low-E 複層玻璃 2. Low-E 膠合玻璃 3. 惰性氣體複層玻璃 4. 一般乾燥氣體複層玻璃 5. 膠合玻璃 6. 單層玻璃
❸ 受風面	1. 推開窗（如需規畫開口面較寬的窗型時，建議可採用推開窗併固定窗方式設計） 2. 橫拉窗	玻璃總厚度相同下，強度比較： 1. 單層強化玻璃 2. 膠合玻璃 3. 複層玻璃 如以安全性比較： 1. 膠合玻璃 2. 單層強化玻璃 3. 複層玻璃
❹ 受雨面	1. 環境參雜風勢因素時，建議採用推開窗 2. 環境如無較大風勢，採用橫拉窗或其他窗型均可	均可
❺ 高樓層	1. 配有超重型連桿的推開窗 2. 有中柱、中腰、吊管設計的橫拉窗	均可

環境問題	適合的窗型順序	適合的玻璃順序
❻ 景觀面	1. 推開窗併固定窗 2. 橫拉窗併固定窗 3. 折疊窗（無風壓及受雨顧慮時） 4. 橫拉窗	1. Low-E 膠合玻璃 2. 膠合玻璃 3. 複層玻璃 4. 單層玻璃
❼ 防侵入	1. 內倒窗 2. 配有防拆裝置與開口限制器的橫拉窗、推開窗	1. 膠合玻璃 2. 裝有鋁格條的複層玻璃 3. 較厚的單層玻璃
❽ 浴廁窗	1. 推開（射）窗 2. 橫拉窗	1. 複層玻璃 2. 膠合玻璃 3. 單層玻璃
❾ 易結露	1. 有斷熱設計之各種窗型 2. 內倒窗或有氣窗設計的窗型 3. 其他	1. Low-E 複層玻璃 2. 惰性氣體複層玻璃 3. 一般乾燥氣體複層玻璃 4. 其他玻璃
備註	1. 本表所列適合的窗型與玻璃順序，仍會因細部規格、併窗情形、環境與地緣的不同，而有差異。 2. 由於實際的居家環境，可能同時存在多種不同的條件或問題，因此規畫時，仍需依複合性的狀況及居住者的習慣性來作評估。	

Chapter 3

窗的設計要點
每個空間都不一樣

環境、坐向全面考量

專家眼中的檢查法：操作安全性、使用便

利性、生活舒適性、省電節能、兼顧美感

正確規畫SOP

為什麼安裝了大廠牌的鋁窗，但隔音沒有想像中的好？或是遇到下雨，就出現漏水問題？通常我們的第一反應，是歸咎於廠商的廣告不實，鋁窗本身的設計很差。然而造成鋁窗性能無法符合預期的，往往不只是單一因素而已。（圖片提供：a space..design/ 陳焱騰）

鋁窗安裝後,如有性能不良問題,原因不外乎:選購鋁窗時,未能依據周遭特性來規畫符合的窗型,使得性能無法滿足環境需要,是屬於評估與規畫不周。因素二是鋁窗沒有選對正確的玻璃規格;畢竟,玻璃的規格和種類太多,且各具有不同的特色及適用環境,別說消費者搞不清楚,就連許多的鋁窗規畫人員也只知道玻璃的種類與概要的特性,而一樘窗戶的玻璃,占約 70% 以上的面積,是決定窗體結構強度、阻熱與隔音效能好壞的重要關鍵;也就是說,如果鋁窗玻璃規格無法滿足環境條件,就算窗戶本身的氣密性、抗風壓性、隔熱性多優良,也都徒勞無功。

最後,就是施工品質的良莠,是影響鋁窗性能最主要的關鍵因素,因為現下各品牌鋁窗製造商,所設計製造的產品,幾乎都有通過 CNS 國家標準的風雨測試與隔音測試,且都按著 ISO 程序書,建制一定的生產與檢驗標準,除非製程出現變異或品檢缺失,否則出廠的品質與性能大致穩定。

玻璃也是如此,什麼樣的規格、厚度,該有多大的隔音效果,熱傳透率是多少,都不會有太大的差異性;然而,在鋁窗的安裝過程中,卻涉及了工班的技術是否穩定、鋁框基準線是否準確、嵌縫與打水路是否確實、安裝後的配件有沒有精確調校等問題,這些環節,都直接牽動著整體性能,所以說最關鍵的因素是「施工品質」。

鋁窗如果出現隔音不良、漏水、竄風、口哨聲、晃動、操作不順暢等問題,必須深入探討,是「鋁窗設計性能標準太低」、「窗型選用與規畫不當」,或「玻璃無法滿足環境需要」,還是「施工品質不佳」,才能判斷性能不彰的原因。

1 —— 鋁窗性能無法符合預期，有可能是未根據現地條件來選擇適當的窗型及規畫合宜的尺寸，影響表現。（圖片提供：左大鈞）

2 —— 一樘鋁窗，玻璃即占有 70% 以上面積，是承受風壓時的主要構件，也是低頻聲響傳遞至室內的主要介質，更是熱輻射傳遞的媒介與熱傳導的穿透路徑。（圖片提供：左大鈞）

3 —— 鋁窗工程涉及舊窗拆除、立框基準線確認、固定片安裝、嵌縫、打水路、玻璃裝設、配件調整等作業，任何一個施工環節出問題，都影響水密、氣密及隔音性能。（圖片提供：左大鈞）

窗戶各種座向的設計思維

　　環境不同，窗戶與玻璃的規畫思維也必須有所不同，唯有因地制宜，才能讓鋁窗適材適所發揮所長；然而，在相同的環境條件下，建築都會有不同座向的門窗，有的面向東，有的面向西南，有的可能面向西北，這些不同座向的窗戶，就會因為風勢強度、日照程度的不同，而在設計思維上，另有不同的考量。

一、座向東北與西南的窗戶：

　　由於台灣位處東亞地帶，因此，秋冬時受到東北季風及春夏時受西南氣流的影響最為顯著，加上每年侵台的颱風也多會有特定的移動路徑，更使其反時鐘旋轉的外圍氣流，加劇了東北向與西南向建築面的損害程度，因此，如果門窗的座落方位是面向東北方或是西南方時，雨勢就容易在伴隨風勢的效應下，而增加了受雨量，也由於門窗在承受風壓時多少會出現一些撓曲狀況，而使原有的密合效果變差，並導致門窗滲、漏水的問題更為嚴重。

　　因此，座向東北與西南的門窗建議採用密合性較佳的推開窗，惟應儘量避免使用「直軸旋轉窗」、「橫軸旋轉窗」、「內開窗」與「內倒窗」，因為這四種窗型在開啟時，窗扇都必須往室內的方向移動，因此窗樘（與牆面接合的窗框部位）就必須採取室外側較高，而室內側較低的梯式造型來設計，好讓窗扇可以順暢的開啟，如果窗樘的排水功能不佳，或瞬間雨量過大時，這些窗型的窗樘內部就容易出現積水的情形，而增加了滲、漏水的風險；此外，這四種窗型的開啟方向又恰與室外風壓順向，所以在較大風壓狀況下，窗扇與窗樘間的密合效果也容易變差，進而加劇了滲、漏水的問題。另外，面積愈大的窗型，在大風壓的狀況下，撓曲現象愈顯著，因此，單一面窗的面積應避免過大，大型開口的窗型設計，宜採用多窗併接的併窗方式來規畫，玻璃總厚也須至少有 10mm，如此才能有較佳的抗風壓與支撐強度。

4 ── 凡窗扇是可以往室內側開啟的窗
　　 型，其靠近室內側的窗樘鋁框就
　　 必須設計的比窗扇下緣還低，以
　　 避免干涉到窗扇的開啟動作；然
　　 而，這樣的設計也造成窗樘鋁框
　　 容易出現積水現象，萬一窗樘的
　　 排水孔阻塞，或瞬間雨量過大，
　　 使雨水來不及排放，就會導致積
　　 水隨著風壓而滲入室內。（圖片提供：
　　 劉忠豪）

二、座向東方與西方的窗戶：

　　座向朝東或朝西的門窗，會受到較多的日照影響，雖然陽光充足，但
會有東曬與西曬的問題，尤其是夏天時節，會讓室內的溫度變得非常炎
熱；基本上，座向朝東或朝西的門窗，究竟要使用何種窗型，其實並無太
大的差異，畢竟一樘窗戶玻璃所占的面積最大，因此要阻絕東曬與西曬因
陽光照射所傳導的熱輻射，最好的方法還是從玻璃下手，如果選擇不透明
玻璃，固然可以有較佳的隱私性與阻絕熱輻射的效果，但畢竟不透明玻璃
會遮擋住採光與透外的視線，會讓住家更顯封閉，因此除了浴廁、臥房這
樣的私密空間，或是與鄰家距離過近且相對的窗戶，可建議採用不透明玻
璃外，其他的生活空間，則可使用有色玻璃、半反射玻璃、複層玻璃，甚
至是低輻射玻璃，來阻絕陽光所帶來的熱輻射。

5 —— 不透明玻璃固然有較佳的隱私性與阻絕陽光穿透的效果,但卻會遮擋住採光與透外的視線,容易讓住家更顯封閉。(圖片提供:左大鈞)

三、座向東南與西北的窗戶:

　　座向東南與西北的窗戶較容易遭遇負風壓的問題;而到底什麼是負風壓呢?建築物在設計時,都會考量正、負風壓條件,以評估其結構安全;而家中鋁窗是牆面的附屬部分,其強度不若混凝土牆面為佳,因此必須更重視負風壓的問題。以建築結構體來說,當風吹在建物時,會在建物表面產生風壓,通常迎風面即為正風壓區,而背風面則為負風壓區;以鋁窗而言,室外側所受的風壓是正風壓,而室內側所受的風壓就是負風壓。

　　通常建物的室內面,多屬於較封閉式的空間,也因此室外的環境(正)風壓,通常會比室內的(負)風壓大得許多;故而鋁窗的性能設計,多會以正風壓來作為環境的評估要素,從 CNS 3092 的水密、氣密與抗風壓等各項性能測試規範來看,主要也是以正風壓的條件,來進行試窗的驗證;但如果試窗有負風壓測試需要時,即會以正風測試壓力的 1.5~2 倍來作為測試條件,從這也可以瞭解,負風壓問題要比正風壓來得嚴峻。

負風壓考驗窗戶強度

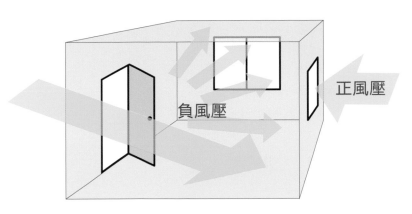

6 ── 當進入室內的風量增加時,負風壓的現象就會更為顯著。

在一般情況下,室內與室外的風壓原本是處於一個趨近平衡的狀態,而當負風壓大於正風壓時,鋁窗所受的推力方向就會從原本由外向內,轉變成由內向外的推力,這個推力方向的改變,將會使鋁框與膠條間的緊密度受到影響,而容易在窗框的接合面上出現口哨聲。而到底有哪些環境,較容易會有負風壓的問題呢?

一、哪些位置容易有負風壓的問題

一般來說,負風壓的問題,主要還是與建物的座向有關;以單幢式建物來說,如果建物正面是主要的迎風面時,則建物的兩側窗面就會與風向形成一個平行關係,而依據白努利定律,當平行風速愈快時,窗面承受的正風壓力就會變小,而原本室內、外平衡的風壓就會出現失衡,並使鋁窗的室內面形成一個非常顯著的負風壓區。

如果以雙（多）幢式的建築來說，建物間的棟距具有增強風速的效果，因此，當棟距愈小時，從棟距中間穿越的風速就會變得更強，而座落在建物棟距內的相對窗面，也會因為與風向平行的關係，而使正風壓力減弱，此時室內面亦成為極為顯著的負風壓區。

當強風來襲時，如果有窗戶冒然開啟，或有玻璃發生破裂，將會使室外風勢突然的灌進室內，這時其他位置的窗戶，就容易因為負風壓力的驟增而出現有口哨聲、窗體晃動的情形，假使，家中的鋁窗恰好又位在負風壓的顯著區上，而室外的正風壓又剛好被平行風勢削弱時，就會導致玻璃所承受的內、外壓力瞬間失衡，並使得負風壓變得非常的劇烈，情況嚴重者，窗扇會因此而變形或損壞，尤甚者，還可能發生鋁窗被吸出戶外、玻璃向外爆裂等情形，而結構較差的屋頂更可能會被負風壓所掀開。

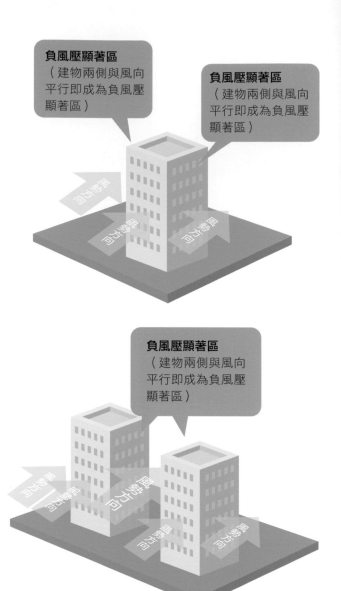

負風壓顯著區
（建物兩側與風向平行即成為負風壓顯著區）

負風壓顯著區
（建物兩側與風向平行即成為負風壓顯著區）

負風壓顯著區
（建物兩側與風向平行即成為負風壓顯著區）

7 —— 當室內的負風壓力大於室外的正風壓力時，窗扇就會往室外側的方向推移，並改變了原本應該與窗樘膠條密合的狀態，而窗扇與窗樘間也可能會出現隙縫；當室內的風壓從這個隙縫竄出時，就會出現尖銳的口哨聲。

二、斜式屋頂與負風壓的關係

　　此外，由於斜頂式建築物的屋頂，所受的風壓狀況與屋頂的傾斜角度有關，如果屋頂的角度愈陡，對風勢的行進就會形成阻力，因此迎風面所受的正風壓就會大於室內的負風壓；反之，如果屋頂的角度愈緩，則風壓的阻力就相對較小，甚至會導致有風速加快的情形，一旦行經屋頂的風速變快，正風壓就會被削弱，這時負風壓力就可能會大於正風壓，而成為負風壓顯著區，因此，安裝於屋頂斜面上的採光罩或天窗，就會有安全的顧慮。

　　以台灣的環境來說，會出現較強風勢的座向概有：東北向（東北季風、一般颱風的風向）、西北向（西北颱的風向）、西南向（西南氣流、颱風穿越台灣離去時的回風）等，所以座向面西北、面東南、面東北、面西南的鋁窗，因為會與上述較強烈的風向平行，因此這些座向的鋁窗如果是位處空曠地區或高樓層，就要特別留意潛藏的負風壓問題。

8 ── 屋頂與風向之間的角度愈小，阻力就愈小，風通過屋頂的速度就相對愈快，這也使得正風壓力跟著變小；一旦正風壓力變小了，負風壓力就會變大；因此，屋頂上的天窗如安裝不牢固，就會有被「吸」出室外的風險。（圖片提供：左大鈞）

設計要點

　　既然負風壓的嚴重性不容小覷，鋁窗規畫與安裝時該如何降低負風壓的危害呢？

一、首先務須留意窗體與玻璃的結構強度

　　窗型規畫時，窗體不宜過大，以降低撓曲度產生的形變量；而玻璃厚度也不宜過薄，避免負風壓過大而發生破裂並損及鋁窗，且玻璃與鋁框溝槽要有足夠的吃深及「面間隙」，才能確保負風壓過大時，玻璃不會被吸走或破裂。

二、鋁窗的安裝作業

　　建議應採用電銲式工法，且固定片密度要足夠，才能增強窗樘的穩固度，避免框體因負風壓過劇出現晃動，甚至導致窗台受到連動影響而龜裂。

三、建築物不規則牆面設計

　　當風勢遇到阻力時，除會改變風向外，也會因為與地貌及建築物的摩擦，而使得風速變慢及風力變小；因此，在空曠地況或在較大風勢環境下的建築物，在規畫時，可運用不規則的牆面設計，來破壞與窗面平行的風切，藉以改變風向並減緩風勢，如此就能達到抑制負風壓的效果。

9 —— 鋁窗如能從建築牆面退縮一定的深度，且牆面也能做不規則平面設計，就
　　　能減緩平行風切的影響。（圖片提供：左大鈞）

鋁窗效能好不好
公開專家的 check list

第一式　從結構面、操作面、材料面
→ 判斷「安全性」

「結構」安全性

　　首先是「結構強度」，鋁窗必須要有良好的抗風壓性，對牆體與玻璃來說，才會有足夠的支撐強度，而不至於在承受較大風壓時，出現撓曲變形並導致窗框損壞、玻璃破裂、框體密合度變差等問題。而鋁窗的結構強度是否良好，在於主要支撐構件（如：中柱、中腰、疊合料、併接料等）的慣性矩是否足夠，而影響慣性矩優劣的因素，在於型材結構的設計與鋁材的厚度；因此，鋁窗在研發設計階段，就必須進行慣性矩的評估、試算，並能通過抗風壓的性能測試，且制定有一套在不同風壓條件下的可製做尺寸標準，如此才能確保鋁窗的結構安全性。

「操作使用」安全性

如果鋁框有尖銳角或導角設計不良、裁切面未做去除毛邊處理，會使居住者在操作與清潔保養的過程中，發生割傷意外；而五金配件的規畫不當、高樓層鋁窗未搭配開口限制開關及紗窗防落器、重型玻璃或較大的景觀窗未裝設省力把手裝置，也容易造成鋁窗、紗窗掉落而傷及路人的事故，或是窗扇過重而拉傷筋骨，甚至是孩童墜樓的意外。

1 —— 鋁窗的結構強度是否良好，可從鋁窗的抗風壓等級來作判斷；另外，廠商如能提供不同風壓條件下的窗型製做範圍限制，也表示鋁窗結構強度是經過嚴謹的評估與計算。（圖片提供：左大鈞）

2 —— 鋁窗框料接合不良，除了容易出現氣密、水密與隔音不良的問題外，也容易在清潔擦拭的過程中，發生手指割傷的意外。（圖片提供：左大鈞）

「材料成分」的安全性

　　最後，因為鋁材具有可回收再利用的特性，如果舊窗原始的使用環境存在有輻射風險（曾安裝於使用輻射鋼筋的建物中），那麼在鋁材重新熔製的過程中，就有可能把輻射汙染帶到鋁錠原料中，而舊框的表面塗裝、殘膠、矽利康等雜質，也同樣會在重新熔製時，融入於鋁錠原料裡，而使後續再製的鋁窗潛藏著毒物汙染及純度較差的風險，導致居住者健康受到影響與鋁窗耐用性不佳。因此，鋁窗製造商如能確保鋁材原料來源或出具相關無毒、無重金屬、無輻射的檢測證明，也能確保材料成分的安全性。

3 —— 鋁材原料雜值偏高，或塗裝的前處理作業不良，就容易使鋁框出現氧化腐蝕的狀況，進而影響到結構強度。（圖片提供：左大鈞）

第二式　從生活使用、清潔維修、安裝工法
→ 檢視「便利性」

「日常使用」便利性

首先是「日常使用」的便利程度，由於目前鋁窗的功能性配件愈來愈多，且基於防護考量，使得門窗在操作時也有著一定的複雜度，但並非所有消費者都能夠清楚瞭解該如何正確使用；因此，如果配件的使用方式標示不清或無從查詢，就容易發生操作錯誤，導致配件損壞。

此外，鋁框本身有一定的重量，加上為使性能更優異，許多業主會選用較厚的膠合玻璃或複層玻璃來提升安全、隔音與隔熱，但這也使得鋁窗的重量愈來愈沉；因此，如果承載機構（拉窗為輥輪裝置，開窗為連桿或後鈕裝置）不佳，會影響到窗扇開啟的順暢度，並需要更大的力道才能推動窗扇，對年長者來說，不但增加體力負擔，也容易筋骨受傷。

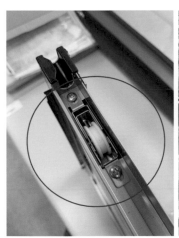

4 —— 為提升整體性能，鋁窗會搭配較厚的玻璃，因此也加重了承載機構的負荷（左圖為拉窗所使用的輥輪裝置，右圖為開窗所使用的連桿裝置）；如果承載機構發生變形損壞，就會影響開啟時的順暢性，並出現金屬摩擦的異音。（圖片提供：左大鈞）

若家有年長者或行動不便須仰賴輔具的人，落地式窗型如果未能採用無門檻或無障礙設計，將影響他們進出的便利性與出門活動的意願，也可能在跨越門檻時，發生絆倒意外。

「清潔與維修」的便利性

　　紗窗與玻璃定期性清潔，有助光線與視野的穿透，並能提高空間的明亮度與景觀價值，所以窗扇與紗窗如具備拆卸與安裝便利的特性，就能夠降低清潔作業時的困難；以推開式窗型為例，如果負責窗扇活動的機構為後鈕式（鉸鏈式）裝置，窗扇開啟時就會以外框立料作為轉動軸心，清潔用具即不容易碰觸到外側玻璃面，對擦拭造成極大不便。

　　除了紗窗與玻璃需要定期清潔，外框的排水孔也需要整理，才能在大雨時順利排除積水，而輥輪、連桿裝置也是需要潤滑，以維護窗扇活動時的順暢；所以，排水孔位置是否易於清潔、輥輪與連桿裝置是否方便潤滑，都影響到鋁窗的耐用性。

　　鋁窗經過長時間的使用，多少會有配件損壞的狀況，如：把手扣鎖、輥輪與橡膠氣密條等，這些配件更換時，是否需要大費周章才能拆除換新，除了影響維修時間與價格，若過於複雜的維修工作，也降低包商的承修意願。

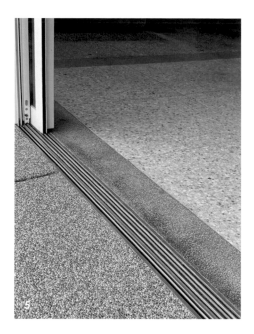

5 —— 無門檻式的落地窗，可以增加銀髮長者與行動不便者進出時的便利性，並避免絆倒受傷。（圖片提供：左大鈞）

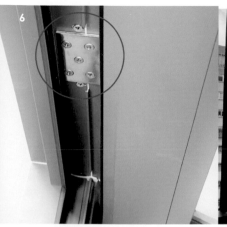

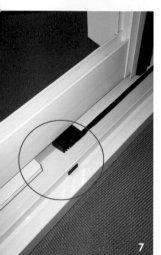

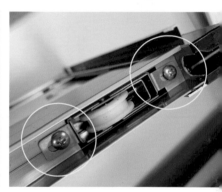

6 —— 推開窗有兩種型式的開啟裝置，一為後鈕式裝置（上圖左），另一為連桿式裝置，而連桿式裝置又分為二種，一是「前拉式」連桿（上圖中），窗扇開啟時會與窗樘間有約 10 公分的空隙（實際空隙會因連桿形式而有不同），方便玻璃室外面的清潔與矽利康打填；另一則是「後拉式」連桿（上圖右），窗扇開啟時的軸心會貼近在窗樘上，因此與採用後鈕式裝置的推開窗相同，均不利玻璃室外面的清潔與矽利康打填。（圖片提供：左大鈞）

7 —— 窗樘溝槽內的排水孔，應定期清潔，以避免阻塞造成洩水不良，而使積水溢入室內。（圖片提供：左大鈞）

8 —— 內嵌式的輥輪（上圖左）在更換時，須先拆除鋁框後才能進行維修；而外鎖式的輥輪（上圖右），可直接卸除螺絲（黃圈標示處）後即進行更換，免掉拆除鋁框及玻璃的麻煩，具有較高的維修便利性。（圖片提供：左大鈞）

「安裝」的便利性

各家品牌鋁窗因設計觀念不同,鋁材結構就有所差異,使得包框工法、立框作業、散裝窗組立、玻璃裝設的程序也會有些差別;而工法愈困難,除了工期較長、報價較高之外,複雜的工法考驗工班的技術,也可能影響到安裝的精確性與品質。

至於各家品牌鋁窗的安裝便利程度,並非一般業主能判斷,因此當業主已有屬意品牌時,可直接洽詢該品牌的代理店或經銷商,或請製造商直接介紹適合的通路(鋁窗行)來為自己服務,因為代理店、經銷商或介紹的通路,對於產品規格、特性構造、安裝方式一定非常熟悉,可避免在安裝作業時發生錯誤。

 第三式 氣密、隔音、水密、隔熱、紗窗設計
→ 決定「舒適度」

五種設計決定鋁窗的舒適度:

設計 ❶ 良好的氣密性:阻絕熱氣、寒風、灰塵與不良的氣味進入室內,可確保室內的空氣品質,不被室外汙濁的空氣汙染,也讓室內維持冬暖夏涼,溫度宜人。

設計 ❷ 隔音性:擁有良好的氣密性,鋁窗即已具備阻隔噪音的基本條件,如果能再依環境的噪音頻率特性,搭配適合的玻璃與厚度,就能阻絕室外音頻的穿透,並達到減緩低頻共振的效果。

9 —— 若沒有搭配可以阻絕噪音的窗子，再舒適的居家空間，也缺少了寧靜的況味。（圖片提供：a space..design）

設計 ❸ 良好的水密性：才能阻絕雨水滲入室內，否則一旦滲水，除了損壞木地板，壁面也容易出現發霉，時間久了，甚至會有壁癌。而一般消費者又該如何判斷自家的鋁窗是否會有水密問題呢？

其實水密與氣密二者有著一定的關聯性，如果鋁窗關閉時，仍會聞到室外的異味，就表示窗樘與窗扇間，或是窗扇與窗扇間的密合度出現問題，那麼下雨時，發生漏水的機率就會比較高。

除此之外，鋁窗的防止滲水效果，除了與本身的水密性有密切關係，也與安裝位置的受雨程度有關。鋁窗受雨面（位在室外的玻璃面）的上緣牆面，如能裝設雨遮、雨庇、採光罩，或是鋁窗能與外牆的「滴水線」保持足夠的退縮距離，那麼受雨量就會比較小，對於防止雨水滲入室內也會有所助益。

設計 ❹ 良好的隔熱效能：可為居家帶來冬暖夏涼的效益，而影響鋁窗阻熱效能好壞的重要關鍵，則在於鋁型材的阻熱表現，以及鋁窗玻璃溝槽可否安裝較厚的膠合或複層玻璃。

設計 ❺ 阻絕蚊蠅的效果：一般來說，除了無法開啟的固定式窗型外，不論橫拉式窗型或是推開式窗型，都會配備紗窗。

如果紗窗的設計有問題，紗窗框架與軌道間密合不良，蚊、蠅、飛蟻等昆蟲就會從窗框、排水孔位置鑽入室內，騷擾居住者的生活品質，甚至因為被病媒蚊叮咬而生病；對於鄰近鄉間田野或溝渠旁的居所來說，阻絕蚊蠅的需求尤為必要，因為昆蟲具有趨光性，夜間室內開燈，就會驅使大量蟲蛾聚集。

10 —— 外牆如能裝設雨遮或雨庇，就可減少鋁窗的受雨量，有助水密性的提升；惟雨遮或雨庇安裝時，應注意固定架的密度與支撐強度，以避免上升風壓過大而造成結構損壞。（圖片提供：左大鈞）

11 —— 紗窗與窗扇或窗樘的間隙過大或密合不良，蟲蟻蚊蠅就容易鑽入室內，提高了病媒蚊傳遞疾病的風險。（圖片提供：左大鈞）

第四式 夏天時，要讓熱進不來；冬天時，要讓熱出不去 → 是節能關鍵

　　鋁窗厚度無法與 RC 結構相比，具有較高的熱穿透性，加上鋁材本身有極良好的導熱特性，所以在夏季時，室外高溫容易藉由熱傳導效應，將熱源透過鋁材傳送至室內；而如果玻璃太薄，室外高溫也會透過熱輻射效應，將熱源傳入室內，影響空調的冷房效能。

　　冬季時，室內與室外的溫差顯著，因此也會透過鋁材與玻璃來進行熱交換，使得室內的保暖效果受到影響；而當室內的濕暖空氣接觸到冰冷的鋁框與玻璃時，即會出現「結露現象」，在鋁框與玻璃表面形成一層水霧與一灘灘的冷凝水，並使得室內環境更為潮濕；如果家中有封閉式陽台且作為晾曬衣物之用，也會導致衣物不易晾乾與出現霉味的問題。

12

當室內外溫差過大時，鋁框與玻璃面上就會出現結露現象；為解決潮濕問題，勢必會增加空調與除濕設備的使用頻率。（圖片提供：左大鈞）

如果鋁窗可以根據阻熱需求來進行窗框斷面的腔格設計，或是窗框能夠採用具有「斷橋設計」[1]的斷熱式鋁材，就能夠降低室內與室外的熱交換問題；此外，如果能選用具有阻絕熱傳導效應的複層玻璃，或是具有阻絕熱輻射效應的低輻射（Low-E）玻璃，就能夠讓夏天的冷房、冬天的暖房與濕度控制的效果都更好，進而節能。

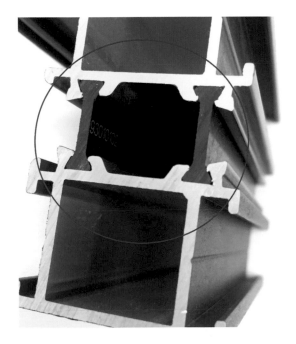

13

「斷橋設計」具有阻斷熱傳導的效果，可降低室內外溫度交換效應，而達到隔熱、節能、保暖與防止結露的效益。此外，由於「斷橋設計」具有獨立的室內側鋁框及室外側鋁框，也可以藉由選用不同的塗裝顏色，來達到室內外不同色系的效果；惟此種鋁型材價格昂貴，且斷熱材（紅圈處）如果強度不足，或鋁材咬合力不佳，框體就容易在承受較重玻璃或較大風壓時，出現鬆動變形。（圖片提供：左大鈞）

---

[1] 所謂的「斷橋設計」，是將鋁窗分為室內框及室外框兩部分，再以混加玻璃纖維的高鋼性尼龍，來作為室內框及室外框二者的接合材料，並利用獨立的室內、室外框體來阻斷熱傳導效應。

第五式　尺寸、比例、色澤、樣式 → 兼顧美感

　　窗可以讓居家空間的視覺感受向外延展，也像是畫框一樣，框住一幅幅最美的日常風景；因此窗框的型式、尺寸比例、塗裝色澤都可以讓家的裝潢發揮畫龍點睛的價值。

　　舉例來說，如果窗戶的開口面積與牆體的面積比例不恰當，就會影響到視覺的平衡協調，並讓建築物的外觀變得突兀；此外，窗框的寬、高配比除決定了窗體的重心位置，與影響到窗扇開啟時的順暢性外，寬、高的配比不當，也容易使居住者的視覺出現壓迫或失衡的感受。

14 —— 鋁窗長寬配比不當，除會影響視覺平衡，狹長式窗型也會使窗扇的重心位置偏高，而造成窗扇在拉動時出現明顯晃動或單邊翹起的問題。（圖片提供：左大鈞）

15 —— 鋁窗的配件除須耐用外，顏色、造型也都必須與鋁窗相互搭配，才能發揮畫龍點睛的效果。（圖片提供：左大鈞）

　　而塗裝色系，除了會影響到室內裝潢及建築外觀的調性與風格外，不同的塗裝種類，也會有不同的耐候效果，一旦色澤發生褪色，就會使建物看起來變得老舊，並影響到房產價值。

　　此外，鋁窗的五金配件除應具有實用性與耐用性外，造型、配色與大小比例亦應與鋁窗的設計相互兼容，才能創造出一致性的整體美感。

NOTES：
檢視鋁窗效能表

安全性	便利性	舒適性	節能性	美觀性
□ 抗風壓	□ 無障礙	□ 氣密性	□ 保暖性	□ 引景入室
□ 強度夠	□ 易清潔	□ 水密性	□ 隔熱性	□ 窗型風格
□ 防墜落	□ 好施工	□ 隔音性	□ 防結露	□ 寬高比例
□ 防割傷	□ 開啟順暢	□ 防蚊蠅		□ 色系搭配
□ 防夾傷	□ 維修便利	□ 阻絕寒風		□ 塗裝耐候
□ 無毒物	□ 售後服務	□ 冬暖夏涼		□ 配件設計
□ 無輻射				

一樘好的鋁窗，除應具備上述五項基本要素外，CNS 3092 A2044 國家標準也針對了鋁合金製窗訂定了五個主要的具體性能指標與測試規範，這些性能指標包括有：「氣密性」、「水密性」、「抗風壓性」、「隔音性」與「隔熱性」；相關規範與標準可參閱（P.169）。

窗與家的空間計畫
搭配風水分析,專業又強運

● ● ● ● ● ●

　　鋁窗的規畫,就像是對症下藥一樣,要先找出病灶,再依據病人的體質,開立合宜的藥方,這樣才能藥到病除。因此在更換鋁窗前,必須掌握:

規畫步驟 SOP

1. 要先了解環境條件。
2. 依據居住者的習慣與特定需要,決定窗型與規畫適切的比例。
3. 選擇所要搭配的玻璃種類、配件與塗裝。這樣就能讓鋁窗兼融居家生活的舒適性、裝潢風格的調性與符合環境需求的安全性。

　　在前面規劃步驟中所提到的「特定需要」,可能是基於功能及使用上的需要外,對有些人來說,還有另一個層面的考量,那就是─風水。

一定要知道 文工尺的運用

　　「文公尺」又稱「魯班尺」,是華人世界普遍用於對照一定長度的吉凶效應工具,通常在建築興建、門窗裝修與家具量製時,都會儘可能要求相關的擺設或尺寸,能夠符合尺上所列的吉利位置(即俗稱有「紅字」的位置)。

　　而市售文公尺，一般包含有四個部分：最上層為台尺刻度，第二層即為「文公尺」，用於神位、佛具、陽宅設施尺寸的吉凶對應，第三層為「丁蘭尺」，用於建造墳墓、牌位、墓園等陰宅的吉凶對應，最下層則為公分刻度。

　　文公尺是由八個不同含意的刻度所組成與循環，這八個刻度分別為：財、病、離、義、官、劫、害、本，各代表著不同的吉凶意涵；而每個刻度又劃分四個不同的對應狀態，使用時可依據實際的祈願內容，來取相應的刻度。

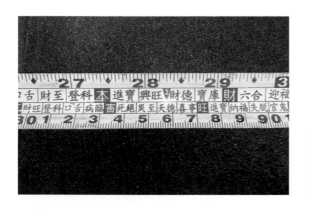

文公尺提供了吉凶效應的參考，目前仍有許多業主在訂製建材或家具時，會以是否符合「紅字」來作為決定尺寸的依據。

吉 凶															
刻度	財		病		離		義		官		劫		害		本
含意	代表吉，意指錢財、才能		代表凶，指傷災病患及不利		代表凶，指六親離散分開		代表吉，符合正義道德規範		代表吉，指有官運		代表凶，意指遭搶奪、脅迫		代表凶，禍患之意		代表吉，事物的本位或本體
小字別	財德	寶庫	六合	迎福	退財	公事	牢執	孤寡	長庫	劫財	官鬼	失脫	添丁	益利	貴子	大吉	順科	橫財	進益	富貴	死別	退口	離鄉	財失	災至	死病	病臨	口舌	財至	登科	進寶	興旺
含意	會在財德善上有表現	可得珍貴物品	合和美滿之意	迎接幸福、利益	損財、破財之意	受公家官司之累	有牢獄之災	有孤獨寡居的行為	有監獄之災	破耗損財	有官煞引起之事	物品失落、人離散之意	增加了財資利祿	日後能顯貴的子嗣	吉祥吉利生男孩	順利通過考試而獲中	意外之財	有財有勢	收益進益	即永別	指有孝服之事	肯井離鄉	財物損失或遺失	死得乾乾淨淨	災殃禍患到	疾病來臨	爭執爭吵	考試被錄取	即財到	招財進寶	興盛旺盛財財

◀ 文公尺吉凶意涵對照表

在風水學中，文公尺所量的門窗尺寸，通常為窗樘（外框）的實內尺寸（及內緣尺寸），且以寬度為主，而不取高度；一般來說，住家大門尺寸以「本」與「財」的吉數為主，前門通常會取「財」的對應吉數，而後門則取「本」的對應吉數，代表前門納財、後門守財之意；但切記，前門的尺寸須大於後門。

而「官」所對應的吉數，應為公家機關所用；「義」所對應的吉數，則適用於廟宇、學校等地方；至於生意場所，則以「財」的對應吉數為最佳；另外，要特別提醒大家，居家的浴廁門是不取「紅字」的。

1 —— 文公尺量測的距離，是以窗樘的內緣（即外框的實內尺寸）寬度作為基準。（圖片提供：左大鈞）

2 —— 光線、聲音、溫度都會透過門窗來傳遞,所以自古以來,門窗便與風水有著密不可分的關係。(圖片提供:a space..design)

客廳:慎選玻璃種類

門窗是居家對外的主要通道,所以不只是人的進出,舉凡光線、氣流、聲音、溫度都會透過門窗來傳遞,因此窗的方位、開向與規畫設置,除決定了採光、納氣的影響程度外,也關係著家庭生活的隱私;所以自古以來,門窗便與居家風水有著密不可分的關係。

一般來說,大型落地窗或景觀窗具有良好的視野與採光,可以讓人充滿朝氣、身心開朗;而客廳在風水學中,代表著遠景與事業運,因此大型落地窗或景觀窗適合用於客廳位置,惟須避免搭配不透光玻璃;此外,居家環境的鋁窗也不適合使用反射玻璃,因為在夜晚室內開燈時,室外便能清楚看見家中的一舉一動,而容易暴露生活的隱私,室內面也會變得跟鏡子一樣,讓居住者產生心神不寧的問題。

3 —— 反射玻璃在白天時，室外面玻璃會出現鏡面效果（左圖），而室內面玻璃則可透視
屋外（右圖）；但到了夜晚，室內與室外的明暗狀況互換，鏡面效果就會從室外面
變到室內面，而室外也將能輕易窺視到室內的一舉一動。（圖片提供：左大鈞）

　　大型落地窗或景觀窗因為窗框的厚度與質量都較 RC 牆面來得小，因此光線與聲音的穿透性較高，所以不適合安裝於需要安靜的臥房與書房。

主臥：窗不低於床沿

　　在風水學中，主臥房代表著主人的桃花與人際關係，如果臥房中安裝了大型景觀窗，則主人容易受到光線刺激與聲音干擾，而影響到睡眠品質；在冬天時，寒氣除了會藉由輻射效應滲入室內，夜間睡眠時也容易在窗面內側出現大量的結露冷凝水，而使環境變得相當潮濕，甚至會使牆面、衣物、被褥出現發霉、長菌的情形；一旦主人睡眠不好，再加上生活在潮霉的環境中，精神與健康必然會出狀況，甚至影響到人際關係；此外，臥室採用大型景觀窗，隱私也容易被人窺看，因此堪輿所論述的「床頭不要對窗、窗戶不要低過床沿」，正是這個道理。

書房：重視隔音效果

在書房方面，書房主事業和考運；窗戶太大，會有噪音影響專注力、寒氣逼襲的問題；而書桌如果正對窗口，如果讀書的定力不夠，也容易會被窗外的景物、活動所吸引而分心；此也與古人「心不靜，功名自然會受到影響」的想法不謀而合。

針對既有建築結構無法修改的狀況，我們可利用室內擺設與動線調整的方法，來改善光線、氣流、聲音、溫度的路徑與影響程度。

4 —— 床頭應避開窗戶，否則睡眠品質就容易受到寒氣、噪音與光線的影響。（圖片提供：左大鈞）

5 —— 書房光線太強則損傷視力、噪音過劇則影響專注力、寒氣逼襲則精神不濟。（圖片提供：a space..design）

運用家具化解忌避

● 採用不透光窗簾，讓睡眠品質更好、讀書更專注，也能增加居家生活的隱密性。

● 調整床頭或書桌位置，不要正對窗口，以免讓寒氣直接侵襲腦門與呼吸道。

● 如果床頭與書桌位置不易調整，則窗戶最好可選用具有高氣密性的鋁窗，並搭配較厚規格的不透明玻璃。

● 房間窗、門具有室內通風的效益，但如果窗、門直接相對就會增強空氣對流的強度（穿堂風），使得灰塵、油煙、髒空氣大量進入室內，而較強的循環氣流也容易使室內輕薄的物品、書報隨意飛散；因此，家中如有窗、門相對的格局，可以設立屏風或擺設家具的隔阻方式來化解。

廚房：最怕風壓油煙瀰漫

在風水上，有「開門見灶不利財運」的說法，其原因是擔心家中開伙頻率、人數、食材內容、家境狀況都容易被外人掌握，而招致宵小覬覦或衍生親友登門借貸的困擾；此外，開門見灶，也表示室外風壓容易直接灌入廚房，使得廚房油煙大量往室內瀰漫，而影響到舒適度與居住者的健康；如果進入室內的氣流過強，也會有柴火過旺、爐火熄滅或火苗燃燒不完全的情形，容易造成瓦斯外洩、一氧化碳中毒的問題。

浴廁：四季都要恆溫保暖

許多人認為浴廁並非居家生活的主要區域，因此在窗型與玻璃的選擇上，較容易被輕忽，殊不知，如果浴廁窗面積較大，而氣密性與熱輻射的阻隔性不佳，那麼冬天時，室外的冷風與低溫，就會藉由窗戶作為路徑而進入室內，讓人在盥洗或半夜如廁時，容易受凍著涼或誘發心血管疾病。因此，如果預算狀況許可下，可選擇複層或較厚的玻璃為佳。

此外，浴廁窗在選用玻璃時，

還需考量隱私防護的問題，通常浴廁窗如為單層或複層玻璃時，可規畫使用銀霞或噴砂玻璃，而如為膠合玻璃時，則可選用白膜玻璃；但如果要維持景觀或視覺上的需要，而要採用透明玻璃時，可考慮裝設百葉窗簾，只是百葉窗簾在浴廁潮濕環境中，容易發霉及不易清潔；因此，我們也可以考慮使用複層玻璃搭配「內藏百葉」的設計，這樣就能同時顧及防寒、隱私與不易髒汙的問題，惟複層玻璃加裝「內藏百葉」除了費用較高外，選購時也要特別注意「內藏百葉」的品質，因為內藏百葉如有損壞，在修繕上會比較麻煩，甚至需要整組玻璃一併更換。

6 —— 瓦斯灶台應避開風口，以免火苗燃燒不完全，或爐火被風吹滅，而導致瓦斯外洩意外發生。（圖片提供：a space.. design）

7 —— 浴廁窗戶為維持景觀需要，採
用透明玻璃時，可搭配百葉窗
簾或複層玻璃內藏百葉的設計。

（圖片提供：a space..design）

NOTES：**風水**

是前人生活經驗的累積，
不需過分迷信，卻極具參考價值：

風水面向	評估要素
採光	● 良好的採光具有殺菌、防黴的效益（健康） ● 能使人精神更有朝氣、讓人心情開朗（個性、人際關係） ● 過強的光線有害視力並會影響居家生活的舒適度與睡眠品質，也容易使室內成為一個溫室燥熱的環境（眼疾、光煞） ● 窗外川流的人車容易影響專注度（成就、隱私） ● 生活作息與隱私是否容易被窺看、偷聽（安全） ● 家境是否容易被窺探（招賊、敗財）
納氣	● 降低室內二氧化碳含量、排煙（健康） ● 通風、降低沙塵、防寒、防霉、防噪、去除異味（精神）
造型	● 景觀、圖騰、尺寸比例（視覺感觀帶動心理的正向能量）
座向	● 向陽、向風口、路沖（精神、安全） ● 建物緊臨、正對尖凸物或壁刀、與他人窗戶相對（視覺壓迫、隱私、口舌）

Chapter 4

鋁窗採購、安裝前全知識

── 工班挑選 × 窗型 × 材料
你不能不知道的基本知識

市場上鋁窗行數量眾多，在激烈的競爭狀況下，有少數包商會以簡化工項的方法，來降低報價以搶得工程；消費者在進行包商間的比較時，請務必瞭解各家的報價基準與服務內容，並參考本篇實務來判斷，而非拿價格來作為唯一的比評依據。

- 挑出好工班
- 報價單該注意的細節
- 認識窗框塗裝
- 五金配件與玻璃
- 透過樣品窗看品質

　　沒有良好的施工，就算鋁窗規畫的再好、性能再優良，也都付之厥如；但我們該如何挑選一家好的鋁窗包商呢？以下有幾點建議可作為參考，但要提醒大家，有些鋁窗師父技術很好，但不見得善於溝通互動，不要因為覺得老闆酷酷的不愛說話，而有了先入為主的不良觀感。

店家情況

評估店內作業環境

　　前往鋁窗行時，可以觀察店內的機具擺設是否整齊、設備是否清潔並有保養維護，就能稍為掌握這家包商的工作紀律與對品質的要求；就算是店家的店面較小，導致店裡的東西看來非常擁擠，我們也能從物件是否明確分類，雖多不亂，知道老闆的工作態度。

　　此外也可以觀察店家現場的進出窗量，及店裡人員的忙碌狀況，來判斷鋁窗行生意的好壞，如果現場窗量很多，表示有不錯的接案量，也可能背後都有固定配合的設計師或營造商，代表這家鋁窗行有著一定的風評，只不過像這樣的店家，通常工作排程也會需要比較長的等候，且如果沒有相當的工程規模，承接的意願也不會太大。

比較店詢態度

　　溝通是服務的一環，可以瞭解店家的服務態度是否親切熱忱，說明是否詳細，而不會有不耐煩的情形；因此，與店家間的溝通感覺，也可以作為評價店家專業性與工作態度的重要參考。如果買賣雙方溝通不良，容易在履約過程中，因為信任不足、認知不同而產生爭議。

你心儀的品牌，是店家主要的進貨品牌嗎？

　　消費者通常會有幾家備選的產品；因此可以詢問店家的主要銷售品牌，如果店家有代理該品牌，也表示鋁窗行對於產品比較熟悉，除了有助於產品適用性的規畫外，在安裝與調整的作業上也不會有太大的問題。

　　由於各家鋁窗製造業者，對於產品的設計概念均不相同，所以不管是鋁材結構或是五金配件的設計概念，也都會有些許的差異；因此，我們遴選的店家如果對於所選擇的品牌很陌生，就可能在安裝與配件調整的過程中出現疏漏。

1 —— 店裡擺設可以看出經營者的自我要求；物料多寡可以看出生意的好壞；從人員應對看出店家的服務品質與專業度。（圖片提供：左大鈞）

2 —— 從店裡的鋁窗，可以判斷出這家店主要的進貨品牌；也可以從產品包裝的細緻程度，瞭解品牌商對於出貨品質的要求程度。（圖片提供：左大鈞）

工程技術探詢

哪些工項需要外包

通常鋁窗行可能會外包的工程項目有：舊窗拆清、電銲、大型玻璃吊載、嵌縫，而如果高樓層需要做到室外側的塞水路，可能還需委請高空吊掛人員（俗稱蜘蛛人）來進行作業。

可以詢問店家需要外包的工項有哪些，通常如果外包的工項太多，那就表示工程介面的整合性會比較複雜，而基於外包的管銷與利潤考量，費用也會比較高一些。

特別要提醒的是，雖然外包會增加一些成本，但畢竟術業有專攻，很多需要技術層面的工作，還是必須委由專業人員來進行，否則一昧以成本考量，讓不具專業的人來統包各個工項，可能就會使品質、效率與安全性出現問題。

技術的穩定性

店家開業時間、或上網查詢營業登記設立多久，也可以向鄰近的店家詢問這家鋁窗行的風評、和鄰居的互動情形、員工的流動率，來推知老闆的為人處事。

要提醒的是，開業較長並不一定代表技術嫻熟，因為工法與設備都會日益精進，惟有讓技術與日俱增，才能符合市場的需要；因此，我們也可以藉由以下「工法的專業度」與「施工的細緻度」等二項評估方法，來判斷鋁窗行的技術深度。

3 —— 由於專業性的不同，因此鋁窗安裝工程中有許多工項，必須以外包方式處理。（圖片提供：左大鈞）

NOTES：
1 工法的專業度——標準作業程序

> **詢問：立框作業方式採取哪一種？**

- ☐ 「固定片的打釘式工法」　　☐ 「電銲式工法」

一般來説，電銲工法有較好的穩固性，結構強度更佳，因此被大型的建設公司列為標準的鋁窗立框工法；如果，鋁窗行所採用的是電銲式工法，那意味他們的專業技術不會有太大的問題。

> **詢問：鋁窗安裝後的配件調整？**

- ☐ 「輥輪高低差的檢查與調整」　　☐ 「止風塊固定」
- ☐ 「膠條密度檢查」　　☐ 「大小鉤密合度的檢查」

很多鋁窗行都容易省略這個部分，因此，我們可以詢問完工時，會進行哪些配件的調整或檢查，如果店家能清楚説明原因，表示對於完工的調整作業有完整的概念。

2 施工的細緻度

> **詢問：如何處理鋁料、包框料？**

- ☐ 各鋁料接合面進行矽利康的填打　　☐ 包框料是否填充發泡劑或隔音材？
- ☐ 螺絲鎖點等位置進行矽利康的填打　　☐ 併料開口是否填打發泡劑或做封口處理

許多鋁窗是在安裝現場，以併窗的方式來進行接組，或是採用包框工法來進行安裝，因此，可直接詢問店家會如何處理鋁材、包框料，以確保雨水不會滲入至鋁材內側，或嵌縫砂漿不會掉落在併料的開口內。還有固定片安裝的密度、玻璃面間隙的概念等，也都可以判斷出鋁窗行是否留意細節，並評判店家的施工細緻度。

> **詢問：基準線如何進行量測？**

- ☐ 一般水平儀　　☐ 雷射水平儀

基準線涉及立窗作業的精準度，避免鋁窗安裝後出現歪斜或傾角的問題。

3 網蒐評價

利用網路預先做好情報蒐集。許多店家會利用官網來行銷自己，因此上網看看所要洽詢的店家，是否有建置相關的資訊平台，內容是否有定期更新維護，定期發布文章或工程實績的介紹，就能掌握店家想與大眾分享的技術深度與溝通程度。

也可以藉由店家在臉書的回覆與留言用語，來觀察有沒有出現一些情緒失當的反應與發言，或透過網路論壇，來搜尋店家以往風評，或是別人的評價紀錄，來作為評核的參考。

4 製造商推薦

許多鋁窗製造商（原廠）是透過通路商來銷售產品，因此會在自家官網中推薦經銷商的據點與連絡資訊，而通常能夠被擺在官網上的經銷商，都對原廠有一定的忠誠度，且達到一定採購量，價格也會比別家更優惠一些，所以尋找原廠推薦的通路商，也表示消費者可有較大的議價空間；而因為有原廠的推薦，鋁窗行在施工更需要顧及口碑形象，對消費者則更有保障。

服務據點

首頁　>　服務據點 - 桃竹苗

店名	地址	E-mail	電話	LINE ID
名匠工藝	桃園市中壢區萬能路一號	mingcrafters@gmail.com	0934495060	windowcrafters

4 —— 電銲工法能提供較佳的結構強度，因此普遍被建設公司列為標準的立框工法。（圖片提供：左大鈞）

5 —— 基準線的量測關係著立框的精準度，如果施工的細緻度不足，窗體就容易出現歪斜，除了會造成開啟不順暢外，也會影響到水密、氣密及隔音的效果。（圖片提供：左大鈞）

6 —— 透過原廠的推薦，可以找到住家附近的鋁窗通路商；而原廠所推薦的通路商多為忠誠度較高的客戶，對產品更為熟悉。（圖片提供：亞樂美精品氣密窗）

報價階段重點就在於報價單裡的訊息是否完整,如果訊息不完整,會讓不同店家無法在相同的基準上來進行合理的比較,也容易造成履約時,買、賣雙方因為對於工作細節的不同認定而產生爭議。因此,在進行報價單內容審認時,應注意以下事項:

下訂鋁窗,並進行現場組立與安裝作業,對品質的管控性較有助益;然而,圖例繪製勢必會增加承包商的作業成本,進而拉高報價;因此,消費者在比價時,如果只是把估價的工程內容,局限在鋁窗與安裝這兩個部分,就可能出現評選不客觀的情形。

這些小地方看出工班技術是否穩定

一、窗型圖例繪製

有些包商為了確認與業主間對於窗型需求、玻璃規格及工程事項的溝通正確性,所有的窗型圖例、施作內容會依工程圖面方式呈現,讓業主可以清楚掌握所有窗型與規格比例,不必擔心溝通認知的錯誤而產生落差。

若承包商會依圖面來跟製造商

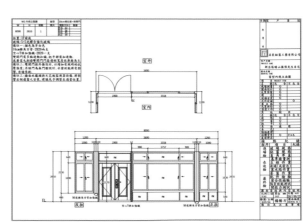

1 —— 在窗型的溝通過程中,如果能有詳細圖面來作說明,就能減少買賣雙方因規畫與設計上的誤解而產生爭議。（圖片提供:左大鈞）

二、 玻璃結構強度與案場環境風壓計算

由於鋁窗的氣密、水密、安全性受風壓的影響最為劇烈，有些鋁窗包商會依現場風壓條件，來規畫適切的窗型，並計算出玻璃的結構安全性，以避免玻璃因為強度不足，在較大風壓時發生破裂。

然而，案場的風壓評估與玻璃強度計算，同樣會增加承包商的作業成本，因此消費者在詢商比價時，也須留意安全性相關評估作業，所造成的價格差異，避免只以價格來做承包商之間的比較。

三、 產品型式與選配五金

每家品牌鋁窗都會有不同規格與型式的產品，會因為設計、結構、性能上的差別，而有價格上的差異；因此，在審認報價單內容時，應先看看店家提供的是什麼型式或型號商品，在資料評估時，也才能放在同一個基準點上做比較。此外，產品的選配項目有哪些？使用什麼樣的配件規格？也都必須注意，因為有些店家會為了報低價拿到工程，捨棄一些應該要使用的配件，或是採用等級較差的五金，除

了造成比較上的失準外，所選購到的產品也可能無法滿足環境需要。

四、 玻璃種類與規格

不同的玻璃種類、厚度會有著不同的隔音及隔熱性能表現，同樣都會影響到價格；因此，消費者在審認報價單時，必須就玻璃種類、厚度規格與是否有強化來作確認。

五、 施工方式

由於一般固定片的打釘式工法與電銲式工法，所使用的固定片種類、器具、設備、工法的複雜程度都不同，所以也就會有價格上的差異；因此，在店家報價時，也應確認鋁窗的立框作業是採取哪一種工法。

名匠鋁窗工藝有限公司　案場風壓條件 與 鋁窗玻璃強度 評估報告

報告編號		107051701			
業主		吳小姐	公司確認簽章	名匠鋁窗工藝 匠心無二 惟精惟一	
案場位置		新北市汐止區			
會勘日期		107 年 4 月 16 日			

樓高(公尺)	地況類別	V10(C) 基本設計風速(m/s)	地況相對風速 (m/s)	相對風壓 (kgf/m²)	相對風級
30 公尺以下	C類	42.5	50.126	256~312	15

玻璃(以 1.5 倍相對風壓計算之單層玻璃的最大可製面積與可受荷重)

窗號	窗型	窗層位置	玻璃種類	玻璃規格	玻璃總厚	玻璃片數	單扇寬度(mm)	單扇高度(mm)	單扇重量(kg)	實際面積(m²)	可製面積(m²)	可受荷重(kgf)
W1	中國左右推	固定窗	單層強化玻璃	8mm	8mm	2	1189	1090	35.66	1.78	4.85	1271.84
		推開窗		8mm	8mm	4	550	1090	11.99	0.6	4.85	3783.15
W2~4	八角組合窗	固定窗		8mm	8mm	2	1189	1088	25.87	1.29	4.85	1753.20
		推開窗		8mm	8mm	4	560	1088	12.19	0.61	4.85	3722.43
W5	二拉窗開天			8mm	8mm	2	670	545	7.3	0.37	4.85	6211.15

註1：考量產品實際長寬配比、製程與使用條件的潛在變異，因此，上表依公式所計算之強度值為參考值，其與實際強度狀況可能存有誤差；另單層玻璃的最大可製面積與可受荷重亦採1.5倍的專項相對風壓來作計算，以從嚴評估強度需求。

註2：如上表的「可製面積」或「可受荷重」欄位為紅色字樣，即表示有強度風險問題。

六、 固定片的安裝支數、密度

　　雖然打釘式工法或電銲式工法所使用的固定片規格不同，但對固定片的裝設密度要求卻都相同；由於鋁窗嵌縫完成後，就無法確認固定片裝設的密度，因此想要降低成本的包商，會刻意拉大固定片密度，這樣一來，固定片的用量與鑽釘時間都變少了，自能降低報價來與同業競爭。

　　減少固定片用量會影響到結構安全，因此消費者在審視報價單時，應向承包商確認固定片的安裝密度，以免影響鋁窗安全性。

2 —— 固定片安裝的支數與密度，影響結構強度與立框作業時間，消費者在洽商時，一定要先確認清楚，如果等到立框時才提出質疑，可能會被要求增加費用。本圖為電銲立框工法中，用以與固定片銲接的膨脹螺絲。（圖片提供：左大鈞）

七、 是否包含嵌縫工項

　　由於泥作嵌縫工項並非鋁窗包商的專業，當有嵌縫作業時，必須另行找配合的泥作師傅來幫忙，而許多營建公司或設計師都會有固定配合的泥作工班，也使得許多鋁窗包商在報價時，會把泥作嵌縫工項剔除。因此，消費者家中如果只是單純的更換鋁窗，而非大型裝修工程，就必須請鋁窗包商附帶執行嵌縫作業，並將費用納入報價單；如果裝修工程涉及泥作與鋁窗，且由業主自行辦理分包作業時，更必須確認嵌縫、批土、粉光、補漆或貼磚等該由誰負責，以免成為三不管地帶。

八、 嵌縫面是否須進行防水工程

　　嵌縫面塗布壓克力彈性防水漆，能提高牆面的防水效能，但這個工項通常是由泥作或專業的防水工程人員來負責；因此，如果消費者要將防水工項併同嵌縫工項，都發給鋁窗包商來執行，就必須確認包商是否有提供這項服務，也要留意報價單中，是否有包含到防水層

工項，避免工程期間臨時追加，而影響到工程進度。

九、 嵌縫砂漿是否添加防水劑

　　嵌縫是鋁窗工程中重要的防水工項，當水泥砂漿在攪拌時，可於砂漿中添加防水劑來強化嵌縫層的防水效果，因會影響到整體作業費用，必須事先溝通清楚。

十、 乾式施工的包框料中，是否包含發泡劑或隔音棉

　　乾式施工法的包框料中因為有空氣層，不像濕式施工法會在窗樘與牆面間嵌有水泥砂漿，所以容易因為低頻聲響而產生共振；因此，乾式施工法的包框料中是否要填打發泡劑或裝填隔音棉，也會影響到價格，報價單應標示清楚。附帶一提，乾式工法通常用於家中已放置有家具的案場，因此施作時，包商是否有提供家具的防塵，也可能會影響報價。

3

4

3 —— 乾式包框工法多會以包框料將舊窗樘作包覆，而內部的中空層就容易產生聲音的共振效應；因此在包框料中填打發泡劑，除能提供包框料較好的支撐效果外，也能阻絕聲音的共振。（圖片提供：左大鈞）

4 —— 鋁窗安裝過程中，舊窗已被拆除，因此室外風沙會直接吹入室內，加上新窗在安裝作業時，也會有鑽釘的作業，所以家具的防塵不可或缺，詢商時應確認包商是否有提供防塵的相關服務。（圖片提供：左大鈞）

十一、無障礙之降板、洩水坡、截水溝工程

許多製造商所設計的無障礙門檻，必須配合地面降板的挖溝工作，而排水所需的洩水坡度，或是相關的截水溝也必須一併納入考量，避免地板面的積水滲入至室內。因此，地面降板、洩水坡與截水溝應該由誰負責，也和嵌縫工項一樣都要確認清楚，否則進場施作時會產生爭議。

十二、矽利康品牌

不論是鋁窗的併料接合、打水路或是玻璃安裝工項，都必須使用到為數不少的矽利康，由於各家矽利康的黏稠度、硬化時效、價格都不同，因此鋁窗包商都會有其慣用的廠牌；如果消費者有屬意的特定矽利康品牌，應先告知包商，畢竟市面上的矽利康品牌眾多，價格差異也很大，包商如須為個別案場另外準備少量的不同品牌矽利康，採購價格也一定會比批量採購的價格來得高，此都會影響到整體的工程報價。

5 —— 許多無門檻鋁窗，是將窗樘的下橫料埋填在地面下，因此窗樘內的排水設計與地面下的洩水渠道，就必須事先做好規畫，否則就會出現積水無法排放的問題；尤其是涉及泥作工程的洩水渠道，該由誰負責？是否包含在報價資料中？都必須特別留意。（圖片提供：左大鈞）

6 ── 矽利康在鋁窗安裝作業中占有一定的重要性與用量，不論是打水路、玻璃安裝、併料接合都會使用到它，然而品牌間的價差頗大，因此指定矽利康品牌時，就勢必會影響到整體工程報價，所以詢價時應先與包商溝通清楚，以免履約時肇生爭議，而廠商間進行比價時也更為客觀。（圖片提供：左大鈞）

確認哪些工程需要外包

十三、高空作業費與高樓層搬運需求

固定窗與推開窗的玻璃安裝，通常是在案場現地進行，如果在高樓層安裝較大扇的固定窗或推開窗時，會有玻璃吊運與室外側無法打填矽利康的問題，必須仰賴吊車、高空作業機具或高空作業人員，消費者請確認相關費用是否已包含在報價資料中；此外，無升降設備載送鋁窗與玻璃至高樓層的案場，也要確認高樓層搬運的困難度及可能衍生的額外費用。

十四、舊窗與廢棄物的清運

安裝工程通常會涉及舊窗的拆除與鋁材、玻璃、水泥塊等廢棄物的清運處理作業，這些工作可能會由泥作或專業打除包商負責，也有可能會由鋁窗包商負責，因此在審認報價單時，必須確認是委由哪個包商承攬，而報價中是否有包含廢棄物清運費用。

十五、比價時應注意基準的一致性

基於貨比三家不吃虧的想法，消費者往往會請二、三家的鋁窗行進行報價，除了確認品牌、窗型、塗裝、配件是在相同的基準外，也必須確認施工工法、細部內容、涵蓋範圍是否也是同樣的標準，一昧的以價格來評選，容易判斷失準，後續追加費用，更會產生履約爭議。

7 —— 面積較大、重量過重的玻璃，如需仰賴吊車進行吊載時，就會衍生額外的成本；而吊運的費用則需視吊車噸數、作業時間而訂。（圖片提供：左大鈞）

8 —— 相同的窗型可能會因製造尺寸的不同，而有不同的單價；因此，窗型尺寸如有變更時，可能無法以原來所估的單價，直接來作窗價的調整。（圖片提供：亞樂美精品氣密窗）

NOTES：**鋁窗工程是如何計價的？**

> 　　鋁窗安裝工程的計價，多是以「才」數來作為計價基礎，而為了讓報價單的資訊簡單明瞭，每一「才」單價的內容，通常包含了鋁窗、玻璃、立框作業、拆紙作業與打水路作業等，而針對可能需要委外執行的項目，如：拆清、嵌縫等等，則多會以「一式」或「一樘」的方式來單獨列項（針對建案工程的報價，其格式與報價內容可能會與一般的裝修案場不同；建案工程報價通常會將各式施工細項個別拉出，使之成為單獨的計價品項，而其中拆紙與打水路作業則多會以外框的四邊長度總和來作為計價的數量基礎；當然，各家鋁窗業者還是可能會因價格策略或其他考量，而有不同的計價基準）。

1 **面積**

> 　　至於「才」，到底有多大呢？其實「才」，普通指的是 30 公分 ×30 公分的面積單位（精確來說，應該是 30.3 公分 ×30.3 公分，也就是 918.09 平方公分，但在實務工作上，900 較 918.09 來得好記與好換算，因此多數的商家還是會以 900 平方公分來作換算的基準），因此，窗子的寬、高如果是以公分來做規格標示，則窗扇面積在計列時，就是以寬、高相乘後的平方公分數，除以 900，就是才數了。以寬 120 公分、高 150 公分的鋁窗來說，其才數就是（120×150）/900=20 才。如果才數在轉換後出現有小數點時，多數商家會以進 1 的方式來處理，舉例來說，如果面積換算後的才數為 22.15 才，就會以 23 才來作為計價的數量。
>
> 　　此外，各家窗型都會有所謂的基本才數規定，亦即，當實際製造尺寸如果小於基本才數時，仍會以基本才數來計價；舉例來說，某窗型的基本才數如為 10 才時，而下單的尺寸僅為 6 才，則計價時即會以 10 才來作為報價的依據，至於各家的基本才數規範可能都不盡相同，詢價時也須先行確認清楚。

2 **窗型、塗裝、玻璃**

> 　　由於不同窗型、塗裝、玻璃種類、工法、併料狀況，也會因為鋁材結構、使用的配件數量、生產與加工成本的不同，而使得單價也有所差異，因此在估價過程中，如果窗型、塗裝或玻璃種類需要另作修改時，則面積才數雖然沒變，但價格還是會有所調整的。

3 **單價的變動性**

> 　　同一窗型條件下，訂製的尺寸雖然會有不同，但所使用的主要配件（如：把手、輥輪、開口限制器等等）數量還是相同，因此尺寸愈大，只會涉及鋁材、膠條、連動桿長度的增加而已，所以大型窗的單價應比小型窗的單價稍低一些；當然，各家鋁窗製造商，還是會因其他考量（如：大型窗製作時的下腳殘料較多、大型窗可能須另加襯鐵等），而有不同的訂價思維與策略，所以同一窗型，牌價仍可能會隨製造尺寸的增加而遞增。至於對鋁窗安裝包商來說，案場規模、大型鋁窗與玻璃的吊載需求、是否須以人力搬運上樓、現場施工的難易度等也都會影響到最終的報價結果。

　　塗裝除了決定顏色風格外,對於容易氧化的鋁材來說,也是重要的保護層;目前常見的表面處理方式,分為:「粉體烤漆」、「陽極處理」、「氟碳烤漆」與「木紋塗裝」四種,不同的處理方式,就會具有不同的質感、色澤風格與耐候特性;而各個製造商,會針對市場的常用塗裝類別與色澤,預先備好庫存(概稱為「常備色」),可提高製程效率外,藉由大批備料的經濟規模,也能降低生產成本。

粉體烤漆-靜電吸附

　　粉體烤漆就是將鋁材毛料(即尚未進行表面處理前的素材)先進行脫酸、脫脂、中和的清洗與乾燥程序後,再於待處理的鋁材和樹脂塗料粉末之間施加電壓,藉由靜電吸附的原理,讓樹脂塗料粉末均勻的附著在待處理的素材上,然後進行烘烤處理作業。一般來說,粉體烤漆採用「一塗一烤」的方式處理,而塗裝膜厚亦至少應有 40μm 以上。

粉體烤漆的處理流程

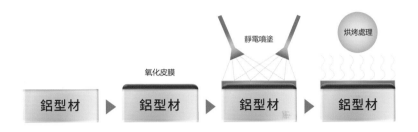

靜電噴塗　　　　烘烤處理

氧化皮膜

鋁型材　▶　鋁型材　▶　鋁型材　▶　鋁型材

　　粉體烤漆為鋁窗最常見的表面處理方式，可選擇的色系也較多元，常備色有：純白、牙白、咖啡、亮黑等，但各供應商的常備色還是會因市場考量、銷售策略而有些微不同；也有粉體塗裝會依客戶的需求來調整塗裝的光澤度（如：亮光、平光），甚至是做一些特殊的砂紋處理（如：鐵灰細砂）。

　　粉體烤漆的主要優點為：塗料可回收再利用，降低環境汙染，且常備色系價格平價；因塗裝粉末可依業主的需要，作出客製化的調色，適合做特殊色的塗裝處理。

　　相對的缺點則有：如果前處理不良或加工技術不佳，未來容易出現脫漆、氧化或塗裝龜裂的問題，且在高溫或特殊氣候環境下，也容易發生亮度變差與褪色的情形；此外，由於特殊色的塗裝處理，會因粉料價格較高、量少，而使得處理費用偏高，調色、對色、配粉也會使表面處理的作業時間拉長。

1 —— 粉體烤漆的整體膜厚會比陽極處理的塗裝為厚，因此耐刮性較佳，且塗裝的可修補性也比陽極處理來得方便。（圖片提供：左大鈞）

陽極處理—電化學發色

「陽極處理」的工法就是將擠製後的鋁型材浸漬在電解槽中，然後再以直流電進行通電，藉由電化學反應，讓鋁材表面電析出多孔狀的氧化皮膜層，以達到防止鋁材氧化的目的。而在氧化皮膜層電析後，即會進行電解著色與封口處理 ❷（將氧化皮膜層上的細微小孔進行閉塞），讓氧化膜表面的活化物，能與外界進行阻隔，最後再上一層合成樹脂的透明亮光塗膜，來增加鋁材的亮度。

陽極處理的作業程序

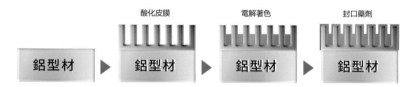

酸化皮膜　　　電解著色　　　封口藥劑

鋁型材　▶　鋁型材　▶　鋁型材　▶　鋁型材

由於陽極處理是靠電解方式發色，雖具有金屬質感，但卻僅能進行單一色系的色澤深淺（鋁本色、香檳、古銅、深棕、黑）變化而已，常備色有香檳、黑棕色艷消等，可選擇的顏色相對有限。

陽極處理的優點為平順度較佳，且不同於「粉體烤漆」的施電附著，陽極處理是在鋁型材表面電析產生氧化皮膜層，且因氧化皮膜為多孔狀，因此合成樹脂的亮光塗膜能夠有較佳的附著能力，所以耐候性較好，經長時間使用，僅會出現光澤亮度變淡的情形，鋁型材表面因電解所生成的顏色，則不易出現褪色的狀況，穩定性高。

> **塗裝厚度**
>
> 一般來說，陽極處理氧化皮膜的膜厚應至少 10μm，而亮光塗膜則至少要有 7μm，複合皮膜厚度 17μm 以上；而如果環境上有特殊的耐候需要，則氧化皮膜的膜厚應至少 15μm，亮光漆塗膜至少要有 12μm，複合皮膜厚度 27μm 以上。

---

❷ 註：封口處理→利用沸水、水蒸氣或化學溶液，讓氧化皮膜上的細微小孔發生水解反應，並藉由水解所產生的氫氧化合物，將氧化皮膜的細微小孔進行填充，而達到強化耐磨性和耐蝕性的效益。

　　缺點即是顏色的選擇性較少，且複合膜厚較薄，所以容易因為碰撞出現刮痕，由於是靠電解方式發色，所以如果有刮痕，修補較為困難。此外，因陽極處理的色澤深淺，易受到電解液與活化劑的種類、濃度、電解時間及溫度的影響，因此不同工廠、不同時間生產的陽極處理鋁材，容易會有色差。

　　此外，由於陽極處理所產生的皮膜層為多孔狀，因此鋁材在橫放或立放時，會因為光線的反射角度不同，造成色澤亮度的差異；且表層為透明的合成樹脂塗膜，因此在陽極處理後，仍會在鋁材表面上看見素材原有的條紋狀模痕。

2 —— 不同批次的陽極處理，會因活化劑濃度、電解時間、溫度等不同條件的影響而出現些微色差；因此鋁窗在組裝與立框前，都應該再做確認，以免安裝後必須拆除更換。（圖片提供：左大鈞）

3 —— 陽極處理的鋁型材，在橫放或立放時，會因多孔皮膜層的光線反射角度，出現不同的色澤亮度。（圖片提供：左大鈞）

特殊的陽極處理

陽極處理的表面塗膜除了可以選擇一般的亮光漆塗膜外,也可以選擇艷消(或稱為消光),這樣的處理方式可使鋁材表面產生消光效果,而不會有過度的眩光反射,產品外觀更顯內斂優雅,也不用擔心時間既久,亮度變差。

陽極艷消處理的程序

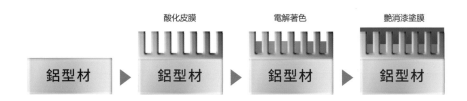

還有一種稱為「鋼珠艷消」的特殊表面處理方法,就是以細微鋼珠對素材表面先進行噴砂處理,以去除表面的毛刺、氧化層與條紋狀的模痕,進而提高鋁材應力及表面的美化、霧化與光潔效果。

陽極鋼珠艷消塗裝的處理程序

4 ── 艷消漆會使鋁材表面的光澤變得暗沉，不用擔心時間久了後，會出現亮度變差的問題。
（圖片提供：左大鈞）

5 ── 陽極鋼珠艷消處理，具有表面霧化與去除素材模痕的效果。（圖片提供：左大鈞）

氟碳烤漆 ── 高防汙性塗裝

氟碳烤漆的表面處理方式，主要是使用氟碳樹脂、壓克力樹脂、顏料作為原料，因此表面觸感具有些微的塑膠質感，而不像陽極處理或粉體烤漆那樣來得光滑；對金屬物件有著較好的附著性，且塗裝表層的自潔性也比較好，因此耐候性、防汙性也最佳。

氟碳烤漆的缺點是：塗裝溶劑含有大量有機揮發物，因此對環境的影響較大，且如果建築不慎發生火災，高熱就容易使塗裝分解並產生有毒氣體；此外，由於氟碳烤漆在塗裝的處理上，所耗的能源較高，除了不環保，成本也相對高。

塗裝厚度

一般環境條件下的氟碳烤漆，至少都是二塗一烤（底漆＋面漆＋烤漆，而塗裝的膜厚至少應有 25μm 以上），但如果有環境上的耐候特殊需要，如臨海或環境條件較嚴苛的地區，亦可採三塗二烤（底漆＋面漆＋一次烘漆＋透明漆＋二次烘烤）方式處理，而氟碳烤漆的塗裝膜厚則建議至少應有 40μm 以上。

6 ── 由於氟碳烤漆中含有氟碳樹脂，因此觸摸時會感覺到輕微的橡膠彈性，表面也不像陽極處理或粉體烤漆那樣光滑。（圖片提供：左大鈞）

7 ── 木紋塗裝具有多種紋路選擇（右圖），可以增加產品的質感，仿木效果也可以取代實木的運用，達到減少樹木砍伐的環保效益（左圖）。（圖片提供：左大鈞）

木紋塗裝 ── 仿實木的高級質感

　　木紋色的塗裝技術，是將素材先以粉體烤漆方式進行底層的表面處理，然後再藉由「貼木紋膜」或是「油墨轉印」的方法，將木紋浮貼或印製在底層的塗裝上；如果「貼木紋膜」的品質不佳，或轉印的油墨材質、設備與技術不良，都容易在長時間的日照曝曬下，木紋漸淡並終至消失。

　　一般來說，「油墨轉印」的處理，會優於「貼木紋膜」；而如果「油墨轉印」是以真空轉印技術處理的話，則木紋紋理的色澤與耐候程度也會比較佳。此外，木紋塗裝的處理工序較繁複，是價格最昂貴的產品。

各式塗裝耐候性的分析與比較

在各式塗裝中，究竟哪一種塗裝的耐候與耐酸、鹼、鹽霧效果比較好呢？

其實，這個問題許多人都有不同的想法，答案也都見仁見智，因為就算是相同的塗裝處理，也可能因為「化成」的皮膜層厚度、氧化皮膜封口技術、粉體塗膜厚度、塗料材質、製程與設備的不同而有耐候程度的差異；因此，我們也僅能單純的從塗裝的製程與陽極處理的特性，來作分析。

基本上，鋁窗在嚴苛環境下，所可能面臨的威脅，不外乎有：紫外線、酸、鹼、鹽霧所造成的鋁材氧化腐蝕及塗裝褪色兩個主要問題：

氧化腐蝕現象

鋁合金為活潑的金屬材質，很容易與環境中的其他元素起化學作用，尤其是鹼性物質對鋁合金的影響更是嚴重，所以鋁合金表層如果能有足夠且質地堅硬的防護層來作為隔絕，則內層的鋁合金就不易與空氣、酸性物質、鹼性物質、鹽霧發生接觸，出現氧化腐蝕。

8 ——

造成鋁窗氧化腐蝕的原因，除與環境因素有關外，更與鋁合金成分、前處理、化成、膜厚、封口等製程的穩定度、塗料材質、設備等都有密切的關係，如果前面這些因素的品質有問題，就算安裝在非嚴苛環境下，還是會有發生氧化情形。（圖片提供：左大鈞）

❶ 陽極處理所電析生成的氧化皮膜層，會比粉體塗裝的化成氧化皮膜層來得更厚一些，也因為陽極處理有了這層較厚、具有鈍化效用（金屬表面由活潑態，變化為不活潑態，使它不容易因為化學反應而發生氧化腐蝕）的防護層，所以對鋁合金的保護效果更佳。

❷ 粉體塗裝所使用的塗料為固態樹脂，經過烤爐加熱後溶融在鋁合金的表層上，因此算是一種有機塗層，雖然這個有機塗層也同樣具有附著性佳、不易脫落、耐酸鹼、耐鹽霧的特性，但相較於陽極處理除了有自體產生的無機防護塗層外，還有一層經由封口處理所產生的氫氧化合物來作阻隔，所以就抗腐蝕性來說，陽極處理應該會好一些。

然而，陽極處理的複合塗膜（氧化皮膜＋表層亮光或消光塗膜）厚度大約只是粉體塗裝膜厚的一半，因此耐刮性會比粉體塗裝差，如果陽極處理的塗膜、氧化皮膜不小心被刮傷，就會使底層的鋁合金暴露在空氣中，一旦與酸、鹼、鹽霧接觸後，就會加速氧化與腐蝕狀況的發生。

❸ 氟碳烤漆在製程上也算是一種附著式的有機塗層，但因其在加工過程中，比粉體塗裝多了一道底漆處理，對塗膜層下的鋁合金有一定的防護效果，耐腐蝕性就會比粉體塗裝來得好。然因氟碳烤漆的費用較高，也非鋁窗的主流塗裝，且其底漆的防護僅及於鋁型材可噴塗到的表面，針對有內藏式導水設計的鋁型材（如：玻璃溝槽內的排水孔），就必需考量沿海地區含鹽量較高的雨水，可能會流入鋁型材內部，並衍生內層壁面氧化腐蝕。

9 —— 塗裝表面刮傷、過度保養摩擦、使用了具有酸性或鹼性的清潔劑、髒汙未即時清潔，都有可能造成鋁材的氧化。（圖片提供：左大鈞）

陽極處理是將整支鋁型材浸泡於電解槽，使其不論是表面或腔體內側，都能電析出較厚的氧化皮膜；所以，在成本與鋁型材內層面防蝕的考量下，有耐蝕需求的環境，建議優先考量陽極處理的產品，如不喜歡陽極的單調顏色，則可考慮選擇性較多的氟碳烤漆。

褪色

在空氣汙染、曝曬嚴重、沿海等環境下，鋁窗的塗裝容易受到酸鹼物質、鹽霧、日照紫外線的影響，而產生色澤亮度改變；在各類塗裝中，氟碳烤漆的自潔性較高，因此酸性、鹼性、鹽霧物質的附著性較差，所以不容易殘留在塗裝的垂直面上，故而在耐候性的表現上，氟碳烤漆會優於一般粉體烤漆。

因陽極處理是藉由電解方式在自身的氧化皮膜層上發色，而非附著式的塗裝，所以比較沒有褪色問題，只是在表層上仍有一道運用電著技術來增加產品光澤度的亮光透明塗膜，而這層透明塗膜與粉體烤漆相同，都是藉由烤爐加熱的方式附著的有機塗膜，因此同樣容易受紫外線、鹽霧的影響，而出現光澤

10 —— 艷消塗裝沒有金屬亮度，因此就沒有日久變得暗沉的問題。（圖片提供：左大鈞）

亮度變差的狀況。

因此，如果擔心陽極處理日久後出現光澤變差，建議在選擇陽極塗裝時，採用沒有反光亮度的艷消（消光）塗膜，即沒有變得暗沉的顧慮，且在視覺上內斂、大器。

粉體塗裝雖然顏色多，但深色塗裝在嚴苛環境下，容易出現明顯的褪色，尤其是具有砂面效果的粉體塗裝，因其表層粗糙，更易讓灰沙、酸鹼、鹽霧等物質附著殘留，

使得褪色嚴重；因此如要選擇粉體塗裝，宜用白色系的塗裝，雖然也會有光澤亮度變差，但不會像深色塗裝那樣明顯。

　　塗裝的耐候、耐鹽霧的表現，儘管各家論點可能不同，但基本上，只要鋁型材質地沒問題，又能做好塗裝前處理的脫脂、清潔與中和作業，設備與製程條件也都能控制穩定，且塗料品質優良，氧化皮膜與塗層膜厚足夠，以現今的工藝水準來說，各式塗裝都能達到一定的耐候、耐鹽霧。

11 —— 深色的砂面粉體塗裝，因為表層粗糙，容易讓灰沙、酸鹼、鹽霧物質附著，而使得褪色狀況嚴重。（圖片提供：左大鈞）

NOTES：
「非常備色塗裝」與「非常規膜厚」選購前須知

通用色系鋁材的預先備料，通稱為「常備色」，交期會比較短，且由於生產批量大宗，成本也會比較低；如果消費者所選定的不是「常備色」，除非有一定的批量，否則就必須等候排定的生產週期，所以交期也比較久。

如果選擇顏色非常特殊，還涉及需要另外調色與對色時，時間就會拖得更長，而且，鋁材裁切後殘餘的下腳餘料，因為無法挪為他人使用，成本也必須由買家自行吸收。舉例來說，鋁材處理通常為一支六米長，如果製窗僅用到二米，剩餘的四米鋁材費用也須由業主負擔；特殊色產品有變更設計、碰傷受損而需要追加鋁材時，如果餘料不足，則備料時間就必須從頭來過，且不同批次生產的鋁材，還可能會有色差問題。

在鋁材膜厚（表面塗裝的厚度）部分，製造商為了降低庫存壓力，會以相同的膜厚規格來作備料，避免庫存與管理複雜，因此業主如有特殊需求時，也會遇到與特殊色同樣的難題，就是需要另行安排處理，除費用較貴、生產時間較久之外，如果下單量不夠大，業者多數是不會接的。

塗裝如有特殊膜厚規格，下單量要夠大，業者才願意接單處理；因此在採購鋁窗時，可先詢問供應商現有的常備塗裝及膜厚規格，再從中選擇，較能節省成本與等待時間。（圖片提供：左大鈞）

4-4 可選購的五金配件
視需要再加購，讓錢花在刀口上

　　五金配件可以說是鋁窗的靈魂，不只影響性能，對於造型也具畫龍點睛的效果；然而配件會因使用者不同的需求，或是供應商的價格策略，而被列為「選配」，因此，在決定窗型之後，可依自己實際的需要來增列這些配件。

　　選購配件的安裝，須在鋁料上預先沖孔或事先在鋁材內部加裝強化鎖片，如果事後追加，會增加現場安裝的困難度，配件的穩固度也可能受到影響。常見的「選配」項目各家供應商都不盡相同，建議在採購前先洽詢瞭解。

拉窗連動桿

　　連動桿是安裝在橫拉窗大鉤支的鋁料內側，主要功能在於提高窗扇與窗樘間密合度，並強化大鉤支強度；但因有部分橫拉窗產品已藉由鋁材厚度改良、逼塊及迫塊的設計，來取代連動桿的功用，且也並非所有的鋁窗安裝位置，都有受風或受雨的問題，故許多業者不會將連動桿列為標準配備。

　　消費者如有採用連動桿的需要，一定要在下單前就提出要求，否則窗扇完成製作後，要想再加裝連動桿，就必須拆下玻璃，並更換新的大鉤支與把手，而如果窗樘已經完成立框，可能還須以破壞的方式來拆除窗樘上的止風塊，並更換符合連動桿需求的止風塊型式，才能讓連動桿與窗樘緊密契合。

開口限制器

　　開口限制器的主要功能，在於限制窗扇的開啟寬度，避免窗扇被任意全開，而發生孩童不慎墜樓的意外；現今許多業者，基於安全的考量，都會將開口限制器列為標準配備，但仍有一些低階產品基於成本因素，而將開口限制器列為選配。因此，消費者應先確認產品是否有包含開口限制器，否則推開窗將無法事後加裝，而橫拉窗也必須以手工鑽孔的方式來加工處理，都會增加作業的困難度。

1 —— 裝有連動桿的橫拉窗，在把手關閉時，上、下方的頂塊（如紅圈標示處）會從鋁材中凸起，使窗扇能夠牢牢的撐在窗樘的止風塊及止水塊上，並讓窗扇能與窗樘上的膠條緊緊密合；但如果頂塊位置有偏差，或安裝人員不會調整連動桿與止風塊的密合度，反而會造成氣密與水密效果變差。（圖片提供：亞樂美精品氣密窗）

2 —— 開口限制器又稱兒童防墜器，不管推開窗（圖左）或是橫拉窗（圖右），均應裝配此項裝置，才能確保居家安全。（圖片提供：左大鈞）

紗窗安全防護網

　　是固定在拉式紗窗上的鋼索，可避免孩童與毛小孩發生墜樓意外。有別於「開口限制器」僅能使窗扇做局部寬度的開啟，紗窗安全防護網則不必限制窗扇開啟寬度，可兼具較良好的通風與安全效果。

3 —— 紗窗安全防護網配有能與窗扇鉤扣在一起的固定鎖，達到耐衝擊、防脫落的效果。(圖片提供：亞樂美精品氣密窗)

省力把手

　　當窗扇面積愈大，玻璃的厚度也就必須跟著增加，連帶使得窗扇的重量驟增，而重量愈重，開啟就愈加費力；且現今的橫拉窗氣密性愈來愈好，因此窗扇在關閉時，幾乎是完全密合的狀況，也使得我們在開啟窗扇的瞬間，必須以較大的力道才能拉動窗扇。而省力把手的設計目的，就是利用槓桿的原理來輕鬆開啟窗扇；如家中有較大的落地式或配有較重玻璃的橫拉窗，建議可選配省力把手，提高使用的便利性。

4 —— 各家鋁窗結構不同，並不是所有的鋁窗都適合安裝省力把手，有選購需求時，應先向鋁窗供應商詢問確認。
(圖片提供：左大鈞)

出入鎖頭

多數橫拉窗僅靠室內側把手，做為窗扇的閉鎖裝置，但許多家庭會將落地式橫拉窗，做為對外出入的大門，因此基於安全需要，會要求在窗扇上加裝鎖頭，可由室外將窗扇上鎖，但該裝置無法追加，採購時就要規畫選購。

門弓器

門弓器主要適用於推開式進出門，其功能在使門扇開啟後能定速回復到關閉位置，避免瞬間風速過大造成門扇快速關閉，而發出劇烈的關門碰撞聲，或導致門扇出現變形。門弓器多屬於選購配件，風壓較大的環境建議加購。

推射窗定位桿

推射窗是由下往上的開啟方式，因此如果窗扇過大、玻璃過重，窗扇在開啟時，就容易因為重力的關係而出現有滑降的情形，因此定位桿的功用就在於支撐與固定住開啟的窗扇，當要關閉窗扇時，只要解除開關，窗扇就能復歸關閉。

5 ── 出入鎖頭一定要在窗扇製作組合前，預先沖孔與安裝鎖心，因此無法於事後追加。（圖片提供：左大鈞）

6 ── 隱藏式門弓器在門扇關閉時，機構是藏在門框與門扇之間，因此不會像外裝式門弓器是外露在門框與門扇上；隱藏式門弓器雖不會破壞門扇的美觀，但必須在鋁門製做時即行安裝，事後要求加裝較為不易。（圖片提供：左大鈞）

7 ── 並非所有的推射窗都會有過大或過重的問題，因此定位桿通常不會列為廠商的標準配件；如果窗扇高度超過 40 公分或玻璃厚度為 8mm 以上時，即建議選購定位桿。（圖片提供：左大鈞）

4-5 搭配「對」的玻璃

安全品質要看玻璃規格

一樘鋁窗約有 70% 以上的面積是由玻璃所組成,因此鋁窗的隔音、隔熱與結構強度,都跟選用的玻璃,有著相輔相成的關係;否則鋁窗設計再好,沒有搭配對的玻璃,一切都是枉然。

常見的玻璃與特色

不同種類與厚度的玻璃,其密度、音源穿透損失率、熱傳透率及透光率都有所差異,因此在強度、隔音、隔熱與透光表現上就會不同。所以,必須清楚掌握各種玻璃的特色,才能做出最佳選擇。

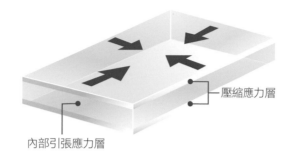

強化
玻璃

壓縮應力層

內部引張應力層

強化玻璃應力分布狀況

　　強化玻璃是將平板玻璃加熱至接近攝氏 600 度的軟化點時，再將玻璃表面急速冷卻；藉由外冷（表面遇冷而向內急速收縮）、內熱（中心因熱而向外膨脹）的效應，使壓縮應力均佈在玻璃表面，引張應力則落在中心層，而形成一個平衡的狀態。

　　超大面積的強化玻璃還可先進行「熱浸處理」，以 2~8 小時的時間，將爐內溫度控制在 290 度上下，讓可能存在於玻璃張力層中的硫化鎳雜質因為體積的擴張，而在熱浸爐內先行爆裂，降低強化玻璃於安裝後發生自爆的風險。

　　強化玻璃的主要特色有：

❶ 強度約為普通玻璃的 4-5 倍；當玻璃遭受外力破壞時，碎裂的玻璃會成為顆粒塊狀，碎玻璃顆粒較不銳利，可降低對人員的傷害。

❷ 藉由緩慢自然降溫的「熱硬化玻璃」（或稱「熱處理增強玻璃」），其強度則約為普通玻璃的 2 倍，破裂時會呈現顆粒較大的條狀碎片。

❸ 可承受溫度之急遽變化。

強化玻璃碎裂時，會成為細小的顆粒塊狀。

❹ 玻璃的鑽孔、切割及打磨處理，必須在加熱的強化工序前，先行完成。

❺ 強化玻璃硬度較低，因此表面較容易刮花。

❻ 玻璃經過加熱後再急速冷卻，表面較不平整，所反射的影像會有細微的波紋；大面積強化玻璃所反射的影像，更容易會有扭曲現象。

❼ 強化玻璃仍為單層式玻璃，所以較適用在非受風面、非日曬面與非噪音面等窗用環境條件。此外，由於強化玻璃比複層、膠合玻璃為薄，因此當室內外溫差顯著，容易結露。

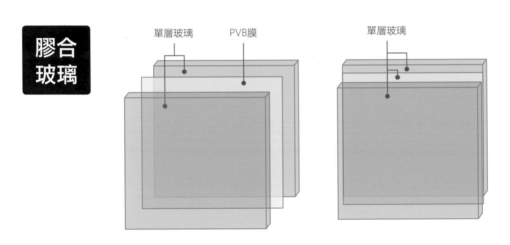

膠合玻璃結構示意

　　膠合玻璃是在兩片或數片的玻璃夾層間，放入強韌且具有熱可塑性的 PVB 樹脂膜或是 PC 塑料板材，並透過高溫、高壓壓合而成。其製程是以熱壓或抽真空方式，先排出玻璃夾層中的空氣，然後再放入高壓爐內，利用高溫高壓使殘餘的少量空氣溶入於樹脂膜中，使兩片或數片玻璃緊密黏合。

　　膠合玻璃夾層中黏有強韌的塑料膜（板），故不容易在受到衝擊時破裂貫穿，而碎片四處飛散，因此也具有較高的耐震、耐衝擊、防侵入、防爆、防彈的安全效果。

膠合玻璃通常較厚，且夾層中黏有塑料膜，故具有較低的光穿透率，能提供一定的熱阻絕；又塑料膜有減緩振動的效能，所以也適合用來阻擋低頻能量的噪音源，隔音效益佳。

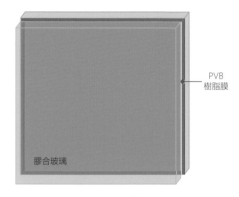

PVB
樹脂膜

膠合玻璃

膠合玻璃夾層中黏有強韌的 PVB 膜，因此破裂時不會碎片四濺，有較高的安全性。

曾有業主詢問：「膠合玻璃已具有較高的安全性，因此還有必要使用強化玻璃來作膠合玻璃嗎？」其實，膠合玻璃的安全特色是不易被外力貫穿而碎裂，能對人員提供較好的防護效果，因此防侵入性較佳；然而，普通玻璃所製成的膠合玻璃，因本身強度未改變，可承受外力的程度，仍比不上以強化玻璃所製成的膠合玻璃。

1 —— 膠合玻璃主要效用在於確保玻璃破裂時不會被貫穿，對於玻璃可以承受外力的臨界強度並無太大提升；因此受風面在使用膠合玻璃時，最好也能選擇經過強化的膠合玻璃。（圖片提供：左大鈞）

2 —— 膠合玻璃的夾膜除常見的透明膜外，也可選擇不透明的白膜，讓玻璃兼具隔音、安全與確保隱私的多重功效。（圖片提供：左大鈞）

除了較佳的安全性與隔音性外，由於膠合玻璃內層的 PVB 中間膜可調色，因此也可選擇有色 PVB 膜或加貼其他材質夾膜，使玻璃具有不同的色樣或效果，來搭配室內設計風格與降低透光性。

複層玻璃

乾燥劑鋁隔條　　單層玻璃

乾燥空氣或惰性氣體　　封膠

複層玻璃是由兩片以上的玻璃，藉由內含乾燥劑之鋁隔條所組合而成的中空型式玻璃，為確保玻璃中空層的乾燥，玻璃內側會充填乾燥空氣或惰性氣體（通常為氬氣），四周並以封膠方式進行密封；由於中空層的乾燥空氣或惰性氣體相對濕度較低，因此能提供較佳的隔熱效果，並使玻璃中空層與外側玻璃面不容易出現結露。

如果複層玻璃所選用的玻璃愈厚，且中間空氣層愈寬（至少12mm），則節能與隔音的效果就愈好；此外，如果複層玻璃內填充的是惰性氣體，也能提高內側空氣乾燥度與穩定性，熱傳導效應也能控制較好，冬天時的室內保溫效果也更佳。

市面上有許多格子窗產品，都是在複層玻璃的中空層裡，夾藏鋁合金或白鐵格條，這使玻璃與格條因為貼合而提高了熱導效應，並造成阻熱的效能與抑制結露的效果變差。同理，複層玻璃四邊也因環繞有乾燥劑鋁隔條，因此熱源亦會在此處進行傳導，使得複層玻璃四邊仍有可能出現結露現象。

3 —— 判斷玻璃是否為複層玻璃的方式，就是查看玻璃內側的四周，是否有鋁合金的乾燥劑隔條（通常為銀色或黑色）；而乾燥劑隔條的寬度愈寬，就表示中間的空氣層愈寬。（圖片提供：左大鈞）

4 —— 玻璃與格條緊貼在一起，會形成熱傳導路徑，並影響複層玻璃的阻熱效能；如果複層玻璃的側邊封膠不良，水氣就容易滲入到玻璃的中空層內，而形成無法擦拭的水霧。（圖片提供：左大鈞）

　　有業者會在複層玻璃的中空層內安裝「內藏式百葉」，用以增加遮陽與隔熱的功效；雖然能夠減少百葉的髒汙，但選購時一定要注意百葉的耐用性，否則發生故障，維修上就會變得相當麻煩。

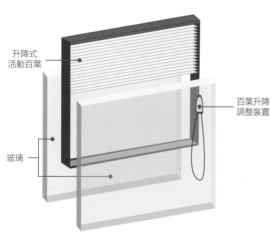

升降式
活動百葉

百葉升降
調整裝置

玻璃

5 —— 在複層玻璃中加裝活動百葉時，一定要注意百葉的耐用性，否則故障時的維修費用相當可觀。（圖片提供：左大鈞）

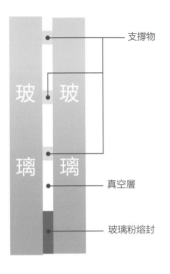

真空玻璃

支撐物

玻　玻

璃　璃

真空層

玻璃粉熔封

真空玻璃是將兩層玻璃的中間層抽成真空，由於真空層具有優異的聲音與溫度阻絕效果，因此隔熱及隔音性會比一般的複層玻璃為佳；然而，真空玻璃的內層為真空狀態，玻璃會受到大氣壓力的擠壓，而向內壓迫；為了降低玻璃受壓時的變形量，玻璃與玻璃之間，就必須放置許多高度僅有 0.2mm 的支撐物，以抑制玻璃向內彎陷。

雖然中間層只有 0.2mm 的寬度，使其厚度能夠略薄於膠合玻璃，並能普遍適用於一般的鋁窗溝槽，但要注意的是，因為夾層中分布著許多支撐物，這些支撐物的透光性與玻璃不同，所以容易從玻璃表面被看見，而影響到視覺美觀，而這些支撐物也容易成為熱傳導與音源傳遞的路徑，影響整體的阻熱與隔音效能。

Low-E
玻璃

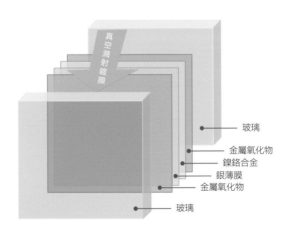

真空濺射鍍膜

玻璃

金屬氧化物

鎳鉻合金

銀薄膜

金屬氧化物

玻璃

Low-E（Low Emissivity）玻璃即是所謂的「低輻射玻璃」；這種玻璃的製成方式通常是以真空濺射方式，在膠合玻璃夾層或複層玻璃中空層內的玻璃表面上，鍍上具有阻隔中遠紅外線、紫外線效能的銀薄膜；為了增加整體透光性，並避免鍍銀薄膜日久出現氧化與硫化的問題，因此鍍銀薄膜上，通常還會再鍍上二氧化錫與鎳鉻合金，強化保護效果。

Low-E 鍍膜層通常是濺鍍在膠合或複層玻璃的內層面，避免因為清洗或刮傷而脫落；然而，Low-E 鍍膜層會使紅外線、紫外線的熱源傳導路徑，成為單向式的傳遞（熱源出得去，但進不來，或是熱源進得來，但出不去），因此 Low-E 鍍膜層濺鍍在哪一個內層面上，影響「冷房」或「暖房」的不同效果；如果鍍膜層是噴濺在靠室外側的內層面上（通常稱為第二層玻璃面），面朝室外，室外的不可見光熱源就不容易進入室內，所以「冷房」效果會較好；反之，如鍍膜層是噴濺在靠室內側的內層面上（通常稱為第三層玻璃面），則鍍膜層是面向室內，所以室內的遠紅外線熱源就不容易散失，而使「暖房」效果更佳。

由於熱帶的阻熱需求（讓熱進不來），與寒帶的保溫需求（讓熱出不去）不同，因此 Low-E 玻璃安裝的方式就變得格外重要；以台灣的環境條件來說，Low-E 鍍膜層通常是濺鍍在靠室外側的內層玻璃面上（第二層玻璃面），安裝時要格外謹慎，否則一旦裝反，所得到的就是反效果（安裝方式可參考下圖）。此外，由於 Low-E 鍍膜層稍偏藍色，因此鍍膜後的玻璃，透光率會稍微變低。

由於 Low-E 玻璃比其他同樣也是鍍膜的半反射玻璃更為透明，因此肉眼真的很難分辨玻璃是否為 Low-E 玻璃；所以玻璃在出廠時，應請玻璃供應商特別註明鍍膜層位置或標示出哪面玻璃應朝室內面，才能避免安裝錯誤。

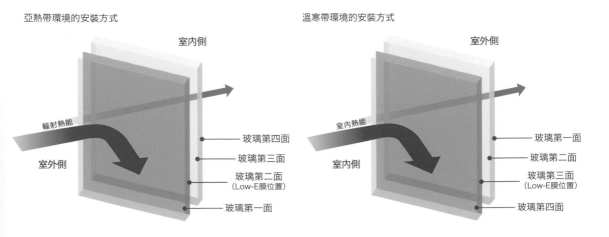

亞熱帶環境的安裝方式

室內側

輻射熱能

室外側

玻璃第四面
玻璃第三面
玻璃第二面
（Low-E膜位置）
玻璃第一面

溫寒帶環境的安裝方式

室外側

室內熱能

室內側

玻璃第一面
玻璃第二面
玻璃第三面
（Low-E膜位置）
玻璃第四面

而除了請玻璃供應商作好標示外，我們也可以利用 Low-E 鍍膜層與一般玻璃會有不同波長的反射光，來判斷玻璃是否為 Low-E 玻璃或是鍍膜層的所在位置；以兩片式組合的複層玻璃來說，兩片玻璃就會有四個玻璃面，因此以打火機火苗或其他光源來照射玻璃時，玻璃表層就會出現多束反射光源的倒影，與光線折射產生的殘影，如玻璃為一般玻璃沒有鍍膜，所呈現的殘影就會與光源色澤相同，但玻璃如有 Low-E 鍍膜層時，鍍膜層所反射出的倒影，就會呈現粉紅色、藍色、橘色或其他不同的顏色，我們就能從這個倒影所出現的位置，判定出鍍膜層是在哪一個玻璃面上。

至於在膠合玻璃部分，由於各個玻璃面的倒影間距是與玻璃厚度成正比，也就是玻璃厚度愈薄，倒影之間的距離就愈近，所以膠合玻璃受到第二面與第三面是貼合在一起的影響，二者的反射倒影也會疊在一起，因此就較難判斷鍍膜層的實際位置。

6 —— 由於肉眼很難判斷 Low-E 玻璃鍍膜面的位置，所以玻璃出廠時應請廠商做好標示，才能避免安裝錯誤。（圖片提供：左大鈞）

7 —— 複層玻璃有 4 個玻璃面，因此玻璃會出現 4 束光源倒影，由於 Low-E 鍍膜層的倒影會與其他光影的顏色不同，亦可判定 Low-E 鍍膜層是位在哪一個玻璃面上。（圖片提供：左大鈞）

熱的傳遞方式有傳導、對流、輻射等三種型態，因此 Low-E 鍍膜層對於輻射產生的熱傳遞，具有較佳的阻擋效果，而複層玻璃中空層內的乾燥空氣或惰性氣體是熱的不良導體，因此在熱傳導的阻絕效果上，就會比膠合玻璃來得更好；所以，就整體的隔熱效益來説，Low-E 鍍膜搭配複層玻璃的節能效果，會比搭配膠合玻璃更優。此外中空層建議不要超過 2 公分，以避免加劇中空層內的熱對流效應。

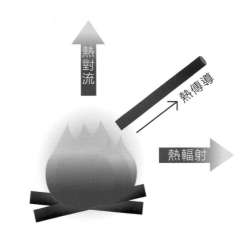

瞭解熱傳遞方式，才能依據熱源路徑，選擇適當的阻熱方法。

色板玻璃

色板玻璃是在製成前，先在玻璃膏摻入色料，增加色彩變化；色板玻璃除具有光線的遮蔽效果外，因色料配方可增強吸收輻射及抑制再輻射，所以也能減少輻射熱流穿入室內。色板玻璃的隔熱效果比清玻璃為佳，最大的優點是成本較低，目前常見的顏色有法國綠、海洋藍、茶色、灰色等。

玻璃愈厚，光線遮蔽性愈高，光線的穿透性就相對愈低；而以玻璃顏色來看，在相同厚度條件下，光線遮蔽效果為：綠色＞灰色＞茶色＞藍色。

8 —— 色板玻璃（上圖左側店家）較一般的清玻璃（上圖右側店家）有著較高的光線遮蔽效果，光線的穿透率相對較低。（圖片提供：左大鈞）

消費者在選擇顏色時，應先評估環境的日照量，如果日照不足，卻選擇了高光線遮蔽性的色板玻璃，室內就會亮度不足，因而增加照明支出。

反射玻璃是在玻璃表面鍍上一層或多層金屬氧化膜或氮化膜,並利用光線反射的原理,減少光線進入室內;而鍍膜的厚度不同,所呈現的色彩深淺度、光線穿透率、反射率及隔熱效能也會不同,因此會有全反射、半反射、微反射之分。以相同厚度的反射玻璃為例,光線遮蔽效果概為:綠色>藍色>灰色>茶色>透明銀。

要特別提醒的是,如果玻璃的反射率太高,容易形成環境光害,也由於透光率低,會造成室內光線昏暗,必須在白天開燈,增加電費支出。

此外,夜晚開燈時,反射玻璃的室內側宛如鏡面,使得居住者看到自己的人影晃動,室外則能輕易地透視居家內部,建議應搭配窗簾,免得隱私外露。

9 —— 反射玻璃鏡面效應,是一面空間較亮、另一面空間較暗,而有光線的玻璃面就會出現像鏡子一樣的反射效果(上圖左);然而夜晚的內、外面明暗條件交換,室外變得能清楚窺視室內。(上圖右)。 (圖片提供:左大鈞)

不透明玻璃

　　如有特別需要注重隱私的場所，如：主臥房、浴廁等，可考慮選用不透明玻璃，常見的不透明玻璃有方格玻璃、銀霞玻璃、銀波玻璃、噴砂玻璃與白膜膠合玻璃等等；其中，方格玻璃、銀霞玻璃、銀波玻璃的透光性較佳，但厚度最多僅為 5mm，不適合使用於噪音面環境；而噴砂玻璃與白膜膠合玻璃（或夾紗、宣紙的膠合玻璃）則是遮蔽性較高，隱私防護性較佳，且厚度可達 8mm 以上，可兼具較好的隔音效果。

10 ── 噴砂玻璃(上圖左)與銀霞玻璃(上圖右)具有透光不透明的效果，因此遮蔽性與隱私防護效果較佳。（圖片提供：左大鈞）

各式玻璃的適用環境

玻璃規格不同，就會有不同的物理特性，惟有依照住家環境狀況與需求，來選用適合的玻璃，才能讓鋁窗與玻璃發揮相輔相成的效益，進而提升居家空間的舒適度。

噪音環境的評估

氣密程度好的門窗，已能有效阻絕聲音傳遞的主要介質「空氣」，搭配正確的玻璃選用，更能使低頻所產生的音響震動獲得改善。

決定玻璃隔音效能好壞的關鍵，主要還是在於厚度與組成結構，玻璃愈厚，抑制聲音能量的效果就愈好，而大家最怕的冷氣主機等發出的低頻噪音，就要選擇較厚的膠合玻璃：

❶ 膠合玻璃：夾層中有 PVB 樹脂膜的黏合，所以具有減緩低頻振動的效果，隔音表現比複層玻璃更佳。

❷ 複層玻璃：中空層充滿乾燥空氣，同樣具有不錯的隔音效果；中空層愈大，且能搭配不同厚度的玻璃，對隔音效果就愈好。

❸ 膠合複層中空玻璃：如果沒有預算問題，建議選用「膠合複層中空玻璃」（膠合＋中空＋膠合，或單層＋中空＋膠合），同時具有膠合玻璃與複層中空玻璃的特性與優點，所以隔音效果最好，隔熱及安全係數也最高。

受風面環境的玻璃安全問題

環境如為受風面，就必須考量颱風天候時，玻璃可能會出現的撓曲狀況，尤其玻璃面積愈大，撓曲的變形幅度就愈顯著，一旦超過可承受的強度，玻璃就會破裂。

一樘鋁窗，玻璃面積約是鋁材面積的四倍，因此玻璃承受的風壓總體負荷，也會是鋁材的四倍，所以在大風壓下所出現的變形，玻璃一定比鋁材更明顯。

雖然鋁材的風壓負荷比玻璃來得小，但由於鋁材與玻璃在組裝後已成為同一個結構體，因此當玻璃出現明顯的撓曲時，就會同時迫使鋁材加大彎曲變形量；這也是說，鋁材的撓曲，除了來自風壓負荷，還加上受到玻璃的連動而產生形變。

此外，玻璃撓曲而壓迫鋁材時，施壓點恰好是在應力最脆弱的四邊與角隅上，故當玻璃與鋁材間的擠迫壓力過劇，鋁材壓條就容易變形，而玻璃也可能發生破裂。

因此，位於大風壓環境或七樓以上樓層，最好能使用總厚度在 10mm以上，且經過強化的膠合玻璃為宜；雖然再厚的玻璃還是會有撓曲現象，但撓曲率小，窗體受連動效應的形變量也小，安全性就相對較高。

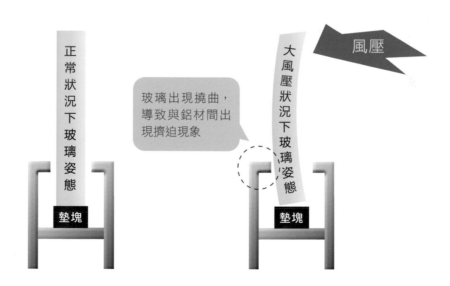

11 —— 風壓會造成玻璃出現撓曲現象，玻璃面積愈大，撓曲變形量就愈大，與鋁材間的擠迫效應也就愈顯著。

4-6 透過樣品窗看品質

樣品窗不可不説的秘密

● ● ● ● ● ●

鋁窗並不像民生必需品一樣,也使得消費者平常不會特別關注相關資訊,但一樘鋁窗的使用時間至少在 10 年以上,判斷產品好壞,絕對不能只靠品牌廣告的片面之詞,本篇要教大家的是,專業人士如何眼見為憑!

檢視樣品窗的 20 要點

製造商會準備一些可攜式的樣品窗給鋁窗行,供其向消費者介紹產品。我們可以藉由對樣品窗的做工、結構、配件、順暢性等一一檢視,來做為判定產品好壞的基準,重點如下:

要點 ❶ 檢查窗樘的橫、立料接合處,是否有加裝防水布;防水布能讓橫、立料的接合更為密實,雨水不易滲入結構牆體內,對防水性有所助益。

防水布黏貼不確實、歪斜、皺褶、鬆脫,反而會造成密合不良的問題;因此在觀察時,也須檢查防水布黏貼的做工。(圖片提供:左大鈞)

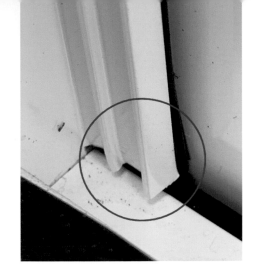

要點 ❷ 檢查窗樘與窗扇的橫料、立料接合面，確認密合性與平整性是否良好；如接合面不平整，易在清潔時割傷手指，也表示鋁料可能有過薄，或裁切機具的精度、效能有問題。

鋁料太薄、裁切機具的鋸片鈍化或精度不足，就容易出現切面翹起的狀況。（圖片提供：左大鈞）

要點 ❸ 沖孔處是否有毛邊或切面不平整。

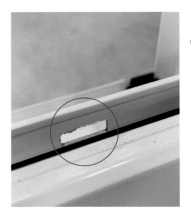

沖床的力度不足，或模具不夠銳利，就會在鋁料的沖孔處出現毛邊。（圖片提供：左大鈞）

要點 ❹ 窗樘上緣的鋁材接合處，是否有打填矽利康，防止牆面內部的滲水順著鋁料接縫處滲入室內。

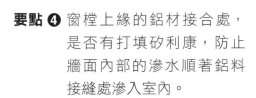
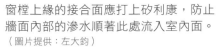

窗樘上緣的接合面應打上矽利康，防止牆面內部的滲水順著此處流入室內面。（圖片提供：左大鈞）

要點 ❺ 橫、立向膠條的接合處是否密合,避免成為雨水和氣流路徑;試壓膠條檢查是否具有彈性,不會有硬化、壓下後無法復原、粉化等問題。

不論是窗樘膠條(圖左),或是窗扇膠條(圖右),如果接合不密,容易讓雨水或氣流進入。(圖片提供:左大鈞)

要點 ❻ 將窗扇關閉,並檢查窗扇與窗樘的密合狀況,看看是否有見光的問題;如果有見光,可能是鋁料本身的準直度不夠,或是膠條尺寸不符。

要點 ❼ 檢查把手的握把為空心或實心;如為空心把手,日後較容易發生變形或斷裂;而推開窗的把手,建議應有可提升氣密效果的多點連動裝置。

樣品窗在關閉時出現見光,表示產品的製作精度出現問題。
(圖片提供:左大鈞)

把手是否順手(上圖左);推開窗多點連動裝置(上圖右紅圈標示),可提升窗扇上下端的密合度,但需搭配彈性較佳的膠條,否則經常性的迫緊,易加速彈性疲乏。
(圖片提供:左大鈞)

要點 ⑧ 鋁窗有許多的選購配件，雖有其特定功能，但不見得是每個人都有需要，透過樣品窗的操作體驗，可以實際瞭解有無必要安裝，如覺得沒有特別需要，就不需多花錢選購。此外，部分選購配件有安裝尺寸上的限制，所以無法裝設在樣品窗上展示，建議可詢問店家產品可擴充的選購配件還有哪些，這樣才能讓符合自己需要的功能一次到位。

確認有哪些標準配件，以及可加裝的選配項目，才能瞭解鋁窗性能可以擴充的程度（左上為推開窗開口限制器；左下為推射窗定位桿；右上為拉窗連動桿；右中為拉窗開口限制器；右下為推開門隱藏式門弓器）。（圖片提供：左大鈞）

要點 ⑨ 窗樘橫、立料以及中腰的接合處，是否裝有加強固定片，以強化螺絲的穩固性；而螺絲的數量與鎖位是否足以承受因搬運、立框所產生的扭曲力道。

窗樘的橫、立料在螺絲接合前，應先裝上加強固定片（紅圈標示處），才能有較好的穩固效果。而鋁材結構是否也有做抗扭設計（黃圈標示處），以避免窗樘在立框時因施力不當或受外力碰撞，而發生框體變形或扭曲的問題。（圖片提供：左大鈞）

要點 ⑩ 窗樘下橫料的室內側，是否設計有結露擋水與導水功能，可將窗面滴流的冷凝水導引至窗槽中。

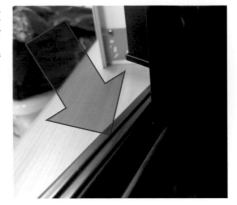

結露冷凝水過多時，容易流至窗台面，因此下橫料的室內側，如果能有結露擋水與導水設計，能降低潮濕影響。(圖片提供：亞樂美精品氣密窗)

要點 ⑪ 通常陽極處理的塗裝較容易產生色差，可請鋁窗行提供白鐵色、古銅色或黑棕等陽極處理的樣品窗，以確認表面塗裝的色澤是否均勻穩定。

陽極處理的塗裝如果色差嚴重，表示製造商的品管可能出現問題。（圖片提供：左大鈞）

要點 ⑫ 檢查拉窗的紗窗底部，還有與窗扇間的疊合處，是否密合良好，如有見光就表示蟲蟻蚊蠅也容易鑽入。

昆蟲有趨光性，因此夜間會從紗窗的輪軌縫隙（圖左），或是排水孔（圖右）鑽入室內。（圖片提供：左大鈞）

要點 ⑬ 將拉窗的窗扇拆下，察看底部輥輪機構的材質，如果輥輪機構為白鐵材質，且採用外鎖式，則耐用性較好且損壞時方便維修。

將樣品窗的窗扇拆下後，察看輥輪機構，如可看見固定螺絲，就表示為外鎖式輥輪；日後如果輥輪損壞，只要將下方的螺絲卸下，便可進行更換。（圖片提供：左大鈞）

要點 ⑭ 安裝的配件顏色是否與塗裝顏色相襯，而不會有突兀的感覺。

鋁窗上所使用的配件顏色，都要能夠與鋁窗的塗裝相互搭配。
（圖片提供：亞樂美精品氣密窗）

要點 ⑮ 以手捏捏看鋁材，看看會不會太薄及太軟，以判斷是否足以承受較強風壓。

由於樣品窗通常並未安裝玻璃，因此是檢驗鋁材強度的最好時機；用手指捏捏看窗扇的鋁料，如果感覺有偏軟的狀況，就表示鋁材太薄。（圖片提供：左大鈞）

要點 ⑯ 橫拉窗的窗扇如果具有防盜鉤片（塊）的設計，即能與開口限制器相互搭配，防制宵小在窗扇把手未關閉的狀況下，被從戶外取下。

當橫拉窗的開口限制器在開啟狀態下，窗扇的防盜鉤片或鉤塊（左圖）就無法被移動到可被拆下的位置（右圖），因此能有較高的防侵入性。（圖片提供：亞樂美精品氣密窗）

要點 ⑰ 確認產品所能提供的玻璃溝槽有幾種寬度規格，以評估自己所要採用的玻璃厚度是否可以順利安裝，且玻璃在安裝後是否留有適當的面間隙，以供矽利康的填打。

鋁窗的玻璃溝槽寬度，決定了玻璃可以安裝的種類與厚度，更決定了鋁窗性能所能達到的程度。（圖片提供：左大鈞）

要點 ⑱ 將樣品窗把手扣上，輕拍窗扇或將樣品窗拿起來輕搖，如果窗扇有明顯晃動或出現異音，就表示鋁窗的密合度與製作精度有問題。

好的鋁窗會利用逼塊、迫塊、膠條、把手等各式配件來強化窗子的密合度，因此當把手扣上時，窗扇與窗樘應該會緊緊的貼合，不應在輕拍或搖晃時出現鬆動或異音。

此外，因紗窗無涉氣密與水密效果，所以在設計上不若窗扇可以緊密貼合在窗樘上，在輕搖樣品窗時，應先取下紗窗，以免因紗窗晃動發出異音而影響判斷。（圖片提供：亞樂美精品氣密窗）

要點 ⑲ 拿起不同廠牌的樣品窗，掂一掂個別重量，鋁窗愈重愈紮實，通常結構也較穩固，在承受大風壓時，變形損壞的風險較低。

樣品窗的體積通常不會太大，也未安裝玻璃，因此可以將其提起，掂一掂鋁材用料。（圖片提供：亞樂美精品氣密窗）

要點 ⑳ 扇上有許多需要沖孔並安裝配件的地方，如：橡膠螺絲孔塞、開口限制器、引手等等，這些孔塞與配件在安裝後應該具有一定的緊密度，如果試拔這些配件可以被輕易取下，就表示沖孔的孔徑偏大，未來孔塞與配件就容易有鬆脫與密合不良問題。

 配件與孔塞如果密合不良，除了容易在清潔時，被隙縫或沖孔毛邊割傷，也可能會導致水密、氣密、隔音效果不良，而孔塞脫落也可能造成被幼兒撿拾誤吞的危險。（圖片提供：左大鈞）

從性能測試數據評估

好的鋁窗通常都經過風雨試驗與隔音測試，因此都會有水密、氣密、抗風壓與隔音測試的相關數據，可以請鋁窗行說明產品的各項測試數據，或先行至製造商官網查詢，如此就可以拿來作為不同產品間的性能比較。

如果不同產品的氣密等級與抗風壓等級都相同時，可利用下面幾個方法再分高下：

❶ 不同產品雖有相同的氣密與抗風壓等級，但仍可從報告上的實際通氣量與變形量，來分出性能的高低。

❷ 氣密測試的最終數據，是以每平方公尺的漏氣量來呈現，因此，當測試壓力條件相同時，漏氣總量（平均漏氣量 × 試窗面積）愈小，表示氣密性愈好。

❸ 通常窗型愈大，形變量也會比較大，所以在相同的測試風壓下，面積較大的試窗還能與面積較小的試窗有相同的等級標準，就表示這個產品的鋁材強度較佳，所以才能和較小的試窗有相同的表現。

鋁窗的性能等級固然重要，但並非每一樘剛組裝完成的鋁窗都會送往測試，因為這除了會提高生產成本外，鋁窗測試時必須先安裝玻璃，並要等到矽利康完全乾了，才能上測試台進行試驗，這將使得生產作業時間變得十分冗長；且如以準備交貨的產品送測，測試過程容易造成鋁窗髒污，測試風壓也可能會造成鋁材出現肉眼無法察覺的形變，因此業主很難要求廠商要對每樘交貨的鋁窗都進行送測。

NOTES：CNS 3092 鋁窗性能標準

性能別	性能說明	等級區分	最高等級	備註
氣密性	門窗在關閉與上鎖後，空氣會滲入室內的程度。	2 等級 8 等級 30 等級 120 等級	2 等級	試窗在不同測試壓力下，每小時、每平方公尺所會產生的通氣量(m^3/hm^2)。
與環境的關係性： 鄰近工業區、市場、學校、馬路或有揚塵環境的建築，應採用氣密性較好的鋁窗，這樣就能減少異味、灰塵與噪音的干擾；而針對體質較怕冷的人來說，選擇氣密性較佳的鋁窗也能提供不錯的防寒效果。				

性能別	性能說明	等級區分	最高等級	備註
水密性	窗扇緊閉時，所能防止雨水溢入室內的能力。	10 kgf/m^2 15 kgf/m^2 25 kgf/m^2 35 kgf/m^2 50 kgf/m^2	50 kgf/m^2	目前有業者考慮到 50 kgf/m^2 已無法滿足多詭天候狀態，因此主動將水密測試壓力提高到 100 kgf/m^2 或更高。
與環境的關係性： 鋁窗離滴水線過近，且室外側上緣無任何雨遮來減緩受雨量，就必須特別留意水密的問題；而位在開闊區、高樓層的鋁窗，因為受風勢的影響較大，所形成的撓曲狀況也會比較嚴重，也需要慎選水密較好的產品。				

性能別	性能說明	等級區分	最高等級	備註
抗風壓性	鋁門窗主要受力框架，在不同風壓強度下的承受能力；此項性能驗證在於確認門窗的整體結構強度可否滿足安全標準。	80 kgf/m^2 120 kgf/m^2 160 kgf/m^2 200 kgf/m^2 240 kgf/m^2 280 kgf/m^2 360 kgf/m^2	360 kgf/m^2	抗風壓性不足，狀況輕者，鋁窗出現氣密與水密不良問題，狀況嚴重者，鋁框出現不可回復的變形，配件機構也會損壞，更甚者，鋁窗會被強風吹垮。
與環境的關係性： 位在空曠區、高樓層的建築，因為風勢較為劇烈，故而對於抗風壓性能的需求尤為重要。				

性能別	性能説明	等級區分	最高等級	備註
隔音性	鋁窗緊閉時,對於室外噪音的阻絕效果。	Ts-25 等級 Ts-30 等級 Ts-35 等級 Ts-40 等級	Ts-40 等級	國內常用的隔音測試標準還有 ISO、ASTM 兩種,不同的標準,頻率測試範圍、方法、標稱與判定方式也會不同。

與環境的關係性:

不同頻率的聲響,穿透能量就有差異;通常低頻音源的振動效應比較顯著,在阻隔上也較為困難;位於都會區的建築,因建物林立較容易受聲響的繞射、折射影響,受到噪音的干擾也較為嚴重,故不論是都會區,或鄰近交通要道、機場起降區、有大型機器運轉工廠等地的建築,或需要較不受吵雜噪音所干擾的環境,如:學校、醫院、安養院等,建議都應選用隔音性較好的氣密窗,並搭配較厚的膠合玻璃,才能營造一個舒適與安靜的居家、學習、休養環境。

性能別	性能説明	等級區分	最高等級	備註
隔熱性	鋁窗所能阻絕室外熱源進入到室內的能力。	0.25 等級 0.29 等級 0.33 等級 0.40 等級	0.40 等級	鋁窗隔熱性與面積、玻璃規格都有著密切關係,因此試窗隔熱性能表現,不等同該型所有尺寸或使用不同玻璃規格狀況下,都能達到相同阻熱效果。

與環境的關係性:

窗戶開口面積概約佔了外牆面積 10~20% 左右,而透天厝的窗戶開口面積比例又會再高一些,使得窗戶成為室內、外溫度傳遞的主要交換途徑;因此,西曬面或受風面的環境,建議採用隔熱性能較佳的鋁窗,並搭配熱傳透率較低的複層玻璃,這樣夏季時能發揮阻擋高溫效用,冬天時也較能隔絕室外低溫並減少結露的發生。

專/家/筆/記

FOR PROFESSIONALS：

測試報告的有效性

　　製造商是何時才會進行風雨測試呢？基本上，各家業者多是在 CNS 認證申請與展延時，或依據品質手冊所訂的送測頻率，或配合大型建案要求的抽樣檢驗時機，來進行性能測試，但由於製造商的人員技能、生產設備、技術工法、工廠環境、品質檢驗的維持狀況，都會影響鋁窗性能的穩定度，加上配件有時會進行修改或更換商源，因此如果性能測試的頻率間隔太久，我們就要擔心期間會不會出現有製程或品質的變異，而改變了測試報告的有效性。

　　此外，水密與抗風壓性能的測試宣告值，係表示該送測的鋁窗（試窗）具備有可以跨越該級標準的實力；簡單的說，就是這個試窗的實際性能，會優於報告的宣告值（舉例來説：如果試窗的抗風壓等級為 $360kgf/m^2$，即表示這個試窗的抗風壓性能下限為 $360kgf/m^2$，至於上限究竟是多少，不得而知）；然而，要特別提醒，鋁窗尺寸不同，形變量就會不同，而形變量不同，則抗風壓、水密與氣密的表現就會有所差異，因此，測試報告上的宣告值，並不能及於該型鋁窗的「所有尺寸」與「所有窗型組合」，也就是説，鋁窗的性能等級只能作為評選產品時的參考，並不表示您未來所規畫的窗型或尺寸，也能達到相同的標準（隔音性能亦是如此，除了尺寸與窗型組合外，玻璃的種類也會影響到隔音的效能；所以隔音測試值，也不能及於試窗以外的規格）。

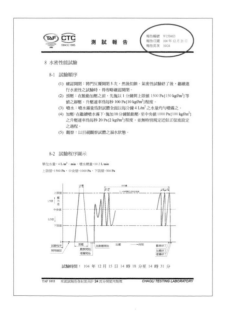

如非大型工程建案，鋁窗行與業主通常是無法取得製造商的測試報告，但如有機會審閱報告時，應確認測試日期是否未超過二年，以確保鋁窗性能符合目前狀況。

至於在鋁窗的隔熱性部分，雖然 CNS 國家標準中亦訂定有相關的規範，但礙於目前國內可進行鋁窗隔熱試驗的實驗室不多，且目前國內市場對於鋁窗的隔熱性仍著重在玻璃的「遮蔽係數」、「可見光反射率」與「可見光穿透率」上，而隔熱效能又與塗裝種類、顏色深淺、窗體面積、玻璃種類與厚度都有顯著的關係，因此，選購的產品如與試窗的規格、塗裝稍有差異時，則試窗報告的參考價值就不高了。

1 —— 試窗面積愈大，還能和小尺寸的試窗有著相同等級的性能水準，表示鋁材強度與結構安全性都比較好。因此，當消費者選購與試窗相同的窗型組合時，只要尺寸是小於試窗尺寸，實際的性能表現應會優於試窗的報告數據。（圖片提供：左大鈞）

2 —— 深色塗裝（上圖左）與淺色塗裝（上圖右）的熱輻射反射率不同，因此吸熱效應也會不同；通常，深色系塗裝的紅外線吸收率較高，容易將熱源透過熱傳導而傳入室內。（圖片提供：左大鈞）

保固條款看仔細

一樘鋁窗從組立作業到現地完成施工，其中涉及品質問題包括有鋁窗、玻璃與施工，共三部分，因此當我們在評選鋁窗與洽詢包商時，應該要留意以下保固項目及內容：

❶ 鋁窗的保固。❷ 複層玻璃不起霧保固。❸ 施工保固。

鋁窗的保固，應由鋁窗製造商負責，主要內容應在於配件的品質保證，及施工品質無虞與正常使用前提下的性能保證；而複層玻璃不起霧的保固，應由玻璃供應商承擔負責，因為複層玻璃如果四邊封膠不夠密實或材料不良，水氣會滲到玻璃中空層內，而導致無法清潔擦拭，影響美觀與視覺的穿透性；最後是施工保固，應由施工包商負責，確保各項施工內容的品質保證，與正常使用狀況下的損壞修繕責任。

保固年限與排除條款

各家鋁窗製造商、玻璃供應商、施工包商所提供的保固年限都有所不同；一般來說，鋁窗的保固與施工保固約為 1~2 年，而複層玻璃不起霧保固則為 5~10 年，但也有廠商會提供更長的保固服務；然而消費者在評估時，請勿以保固時間的長短，來作為判定的主要依據，而應該多留意實質內容，否則就算保固期再長，卻受到限制條件、負擔責任、排除條款等內容牽制，形同保固不切實際。

3 —— 往往消費者只關心廠商能提供多長的保固，卻忽略條款內容才是重點；保固通常會排除天災及非正常使用的損壞，而非正常使用的損壞多會從損壞程度來作判斷。（圖片提供：左大鈞）

材料來源與製程品質

　　如果鋁材純度不足，雜質就會偏高，除了影響鋁材的物性強度、塗裝的穩定度與耐久性外，鋁元素若與混雜在合金內的雜質發生化學反應，可能出現氧化腐蝕。

市場上常見有「再製鋁擠錠」與「一手鋁擠錠」兩種：

　　「再製鋁擠錠」，就是由生產過程中所產生的下腳餘料及廢、舊鋁材所重新熔融並再製而成的鋁擠錠；由於舊鋁材的回收來源較為複雜，且舊鋁材上可能殘留有塗裝、矽利康、黏膠等化合物，甚至是重金屬等問題，而「再製鋁擠錠」在製程中雖會進行雜質的過濾，但相較於純度較高的「一手鋁擠錠」來說，存在的雜質風險還是比較高。

　　因此，購買鋁窗時，可詢問產品所使用的鋁型材是由「一手鋁擠錠」，還是由「再製鋁擠錠」所製成，且有無材質檢驗的分析報告可供佐證，以確認鋁材的品質可以符合CNS 2257 H3027「鋁及鋁合金擠型材」的相關要求。

鋁擠錠(左圖)是用來生產鋁窗型材的原料，而所謂的「一手鋁擠錠」是指該原料為初生原材，未曾使用在產品的製造上；而「再製鋁擠錠」則為鋁窗下腳料及廢、舊鋁材(右圖)重熔再製而成。（圖片提供：左大鈞）

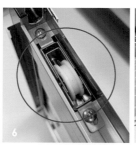

6 —— 評選鋁窗配件，消費者應將重點放在負責承重的配件上，如：橫拉窗輥輪（左圖）與推開窗連桿（右圖），確認這些配件的強度是否足以承載窗扇與玻璃的重量。（圖片提供：左大鈞）

7 —— 鋁窗製造商的鋁擠型來源，不外乎是自行生產，或是向供應商採購而得；來源是否穩定，也影響到鋁窗品質。（圖片提供：左大鈞）

8 —— 配件應具備有良好功能、美觀、耐用，這三個主要特性。（圖片提供：左大鈞）

9 —— 塗裝廠的前處理作業不良，鋁材表面就很容易出現氧化腐蝕。（圖片提供：左大鈞）

10 —— 鋁窗製造商與店頭自行加工的作業環境、生產條件與機具設備都不盡相同，也是
購窗前需要詢問與觀察的一個環節。（圖片提供：左大鈞）

Chapter 5

監工必備施工知識
＋完工驗收
STEP BY STEP

完整的施工程序涉及放樣、立框、泥作嵌縫、塞水路、玻璃安裝與矽利康填打，只要一個環節沒留意，就會影響到鋁窗的效能高低，因此，現場監工人員或業主必須清楚瞭解程序，並確實掌握重點。

5-1 各種施工法適用不同的環境

「乾式」VS「濕式」方式分析與進場

　　鋁窗的安裝工法有兩種施作方式，一是「濕式施工法」，簡單來說，就是需要動用到泥作的工程方式，通常建物興建時新裝的鋁窗，或舊窗要敲除重新換窗時，都會選擇使用這種方法，此種施工方法主要是採用「電銲」或「打釘」的方式來完成立框的固定作業後，再進行後續的嵌縫與打水路作業。

　　另一種安裝方式是「乾式施工法」，顧名思義就是不需要動用到泥作的工程，僅以包框料包覆原有舊窗框的方式，來安裝新的鋁窗；當居家仍有住人的情況下，也多會選擇此種破壞性與干擾程度都比較小，且工期較短的施工方法。

　　還有一種情況是，若新窗的立框面平整，無需使用到水泥砂漿進行嵌縫，例如：凸窗、陽台女兒牆要加裝鋁窗等，則窗框與窗台面、壁面或地板面的間隙就不會太大，立框方式也是以不鏽鋼壁釘直接固定窗框，再以矽利康施打水路，此種安裝亦屬「乾式施工法」的一種。

　　雖然乾式施工有低干擾、工期短的優點，但如果遇到下列情形時，仍建議應採用濕式施工法為宜：

❶ 原窗有嚴重歪斜或傾角。

❷ 窗體過大或要採用的玻璃過重。

❸ 原窗嵌縫已有明顯的裂縫。

❹ 下雨後，原窗四周即會出現水暈狀況。

❺ 窗外緊鄰空調主機或其他運轉馬達，會有震動顧慮的環境。

❻ 風壓較大及負風壓較顯著的座向。

　　「濕式施工法」與「乾式施工法」各有其優、缺點，沒有所謂最好，只有適不適合的問題，應依據住家環境現況與預算狀況來進行評估。

1 —— 立框作業如須使用到水泥砂漿，填塞窗框與窗台間的隙縫，即屬「濕式施工法」。（圖片提供：左大鈞）

2 —— 因包框窗與陽台加窗，都未使用到水泥砂漿進行嵌縫，所以屬於「乾式施工法」。（圖片提供：左大鈞）

「濕式工法」與「乾式工法」比較

施工類別	乾式施工	濕式施工
施工方法	1. 舊窗換新時，不拆除舊框、不動泥作，以包框套窗方式處理 2. 以不鏽鋼壁釘直接固定窗體	1. 以固定片與泥作施工方式處理 2. 舊窗換新時，須敲除牆面上之舊框
注意事項	1. 包框料無法解決原有嵌縫不良所造成的漏水問題 2. 原窗體如果歪斜，安裝後的窗體也容易會有不正的情形 3. 包框時，應於新、舊鋁料間充填發泡劑或加裝隔音棉，以減緩聲音的共振效應	1. 舊窗敲除時，可能會造成牆面龜裂，而導致後續發生漏水問題 2. 舊窗敲除時，可能會損壞原有外牆磁磚；如無備用磁磚可補，將影響外牆美觀性 3. 固定片的安裝方式與密度，會影響窗體的結構強度 4. 施工細節與採用工法，會影響到報價，合約應予明定，以免肇生爭議
優點	1. 無泥作工程，因此對生活的干擾較小，適合家中仍有人居住 2. 工程時間較短 3. 整體費用較低	1. 嵌縫、打水路須重新施作，可解決原來因嵌縫不良所造成的漏水問題 2. 較少的併窗或套窗，因此水密、氣密與隔音性較佳 3. 立框的結構強度較佳
缺點	1. 無法解決原始牆面漏水問題 2. 如原有的窗框已有歪斜不正的情形，則新窗依實際的水平與垂直基準線進行立框後，鋁框面就容易有左、右或上、下寬度不一致的情形 3. 包框易有室內寬高變小的狀況	1. 工期較長，施工期間灰沙較大 2. 敲除舊窗的震動性與噪音較大 3. 費用較高 4. 施工不良亦會影響鋁窗性能

鋁窗進場：現場暫置的注意事項

　　鋁窗的規格檢驗及安裝位置的檢核，為鋁窗進場時的首要工作，因為不論是新建或是裝修案場，通常會有不少的鋁窗數量，倘使尺寸有誤或發生錯置，就可能出現窗扇開向不正確、功能大減、嵌縫間隙過小或太大、視覺比例怪異等等的問題，當安裝錯誤需要敲除重裝時，又勢必傷及牆體與框體。

一、進場時 → 規格檢驗 + 安裝位置檢核

　　當鋁框載送至施工案場後，施作或物料接收人員應確實核對工程圖面，以確認進場的窗型、規格、塗裝與數量無誤外，並應依照樓面、安裝位置，將進場的鋁窗予以妥善分放、標記。

二、放置方式 → 小心動線出入、風勢大的地方

　　鋁框放置時，應選擇乾燥、平坦、不會被電銲火花噴濺的地方，避免放在進出頻繁的動線或風勢較強的位置，以防不慎受到碰撞或被吹倒；擺放時應垂直放置，平穩貼靠地面與牆面，不得有平放堆疊或歪斜倚靠的狀況，以免窗體受力不均或壓載過重，發生結構扭曲或變形，並導致最終的安裝完成面出現歪斜、傾角的問題。

3 —— 鋁窗放置時，應完整的平貼靠牆（如圖），如果僅以部分窗體貼靠牆面或有歪斜倚靠的情形，就容易使窗體出現扭曲或變形，並造成窗扇密合不良的問題，尤其是各式紗窗的鋁料結構更細，一旦框體扭曲，除會造成套裝困難外，也會影響紗網的緊實，及紗窗密合性與防蟲效果。（圖片提供：左大均）

三、搬動方式 → 禁止拖拉

應該輕取輕放、兩端平均施力，大型窗框要由兩人前後搬抬，不要拖拉，免得造成框體變形、塗裝面損傷。

散裝與大型窗框的進場

有些大型的鋁窗，因受限案場搬運空間過小，需先以散裝方式交運，再由施作人員於現地另行組立；這些鋁材進場時應先擺放於軟質墊材上，窗體組立時，應留意配件有無鬆脫掉落，而組裝後的準直角是否端正無歪斜。

採用濕式安裝工法的鋁材在現地組立完成後，亦應確認塑膠包膜是否有完整的裹覆鋁材表面，才能確保框體不會在立框與嵌縫作業時受到髒汙。

由於大型窗框比小型窗框更容易發生框體扭曲的狀況，搬移時應輕取輕放，施力均勻，且應由兩人前後搬抬，不得以拖拉的方式移動位置。

部分窗型較大的鋁窗，因須考慮到運載、上下樓搬運的便利性，故須以散裝的方式運送至案場，再由施作人員於現場組立。（圖片提供：左大鈞）

5-2 乾式工法的立框作業

鋁窗的立框作業，就是將窗樘裝設在結構牆的開口上，而實際的作業內容，則會因乾式或濕式施工法而有不同；其中，乾式施工包框法的立框作業主要是使用在舊窗換新窗，步驟概為：

步驟 ❶ 先將原有的活動窗扇及固定窗玻璃移除，舊有窗樘保留不作拆除。

步驟 ❷ 窗樘邊框修整，並針對窗樘上架接的中腰、中柱、併料、吊管等部分進行切除。

步驟 ❸ 依舊窗樘的鋁料框高，裁修包框料。

步驟 ❹ 於包框料內部打填適量的發泡劑或裝填隔音材。

步驟 ❺ 將包框料套覆在原有的窗樘上，並以自攻螺絲進行固定；固定前，應先確認各項基準線狀態是否端正無偏差。

步驟 ❻ 將新的窗樘立放在包框料上，並以壁釘將新窗樘進行固鎖，即完成乾式工法的立框作業。

乾式工法的立框作業程序與內容，仍會依據環境、設備、技術、是否須要包框或契約協議等因素，而有些微不同，仍須依現場實況進行調整。

1 —— 採乾式包框工法的立框作業,應先將可活動的窗扇及固定窗的玻璃,逐次拆除。(圖片提供:左大鈞)

2 —— 原有窗樘上的各種併接鋁料,如:中腰、中柱、併料、隔條等,均應予以切除。(圖片提供:左大鈞)

3 —— 在包框料與舊窗樘間的空隙中打上適量發泡劑,可降低噪音在這個中空層內的共振效應。(圖片提供:左大鈞)

4 —— 將包框料包覆並固鎖在原來的舊窗樘上。(圖片提供:左大鈞)

5 —— 將新的窗樘裝立在包框料上,並以適當長度的壁釘上鎖固定。(圖片提供:左大鈞)

NOTES：**無需使用到包框料的乾式立框**

不需要再加做「包框」的情況有：開口面較為平整、舊框可透過卸除固定螺絲而直接拆除，或事先已裝有預埋框的位置（如：在輕鋼架或陽台女兒牆加窗、雙層窗等），立框作業就無需使用到包框料，僅須確認好各項基準線後，再以壁釘直接固定窗樘，即完成立框作業。

如果安裝位置原就有舊窗存在，則必須在舊的窗樘拆下後，確實將安裝面上殘留的矽利康割除乾淨，否則後續新打的矽利康，就會因為底層殘膠的鬆動、龜裂而影響到附著力。

▲　開放式的陽台易受風雨的影響，不利晒衣物，且電器設備也容易損壞；因此許多人會在陽台女兒牆上裝設鋁窗，此種工法無須使用包框料，亦屬乾式工法的一種。（圖片提供：左大鈞）

乾式包框工法的細節

乾式包框工法雖不複雜，但在作業過程中，仍有一些注意事項必須謹慎：

✚ 在新、舊鋁框的接縫處、併料接合處均應施打矽利康，以避免雨水滲入至鋁料內部。

✚ 包框料與原有窗樘間，宜加裝隔音棉或施打發泡劑，以避免噪音竄入，在鋁料內形成音頻共振。

✚ 發泡劑有顯著的膨脹效果，打填時應留意劑量，以免發泡劑溢出窗樘，髒汙到鋁材塗裝；發泡劑如果過於飽滿，鋁材也可能因為過撐而變形。

✚ 包框料在固定時，應使用平頭（沉頭）螺絲，以避免影響新窗套裝作業。

✚ 不鏽鋼螺釘鎖定後，宜打上矽利康，以防雨水從鎖孔滲入。

✚ 鋁窗安裝於受雨面時，應避免將螺釘鎖在窗樘下支橫料上，以防雨水從螺孔位置滲入；如有必要，應在螺帽與鋁料接面塗抹矽利康，增加防滲水效果。

✚ 在窗樘上端橫料及兩側立料鎖上不鏽鋼螺釘時，應避免阻礙到窗扇的拉動與密合性，也不要影響到止風塊、逼塊、後鈕的操作效能。

✚ 由於鋁材質地較軟，螺釘上鎖時力道過大或過緊，會造成窗框變形。

✚ 螺釘鑽鎖時，窗樘會因為受力而導致垂直、水平基準線出現偏移，因此在鑽鎖每個螺釘時，都必須隨時確認基準線是在無偏差的狀況。

✚ 各式螺釘均應經過鍍鋅或無磁性處理，以避免日後因為電位差效應，而造成鋁料氧化腐蝕。

✚ 因沒有嵌縫工項，因此室內、室外側鋁材與結構牆的接合面，及本窗與包框料的接合面，應確實打上矽利康，才能有良好的防水效果。

乾式施工法是以不鏽鋼螺釘，將窗樘固定於結構牆面，螺釘上鎖的力道切勿過大，以免鋁材凹陷變形；而螺釘鑽鎖時，窗樘的垂直、水平基準線容易出現偏移，因此在鑽鎖每個螺釘時，都要隨時確認基準線是在無偏差的狀況。（圖片提供：左大鈞）

5-3 濕式工法的立框步驟

　　濕式工法通常是使用在建物新建或舊屋大興翻修的案場，而這些類型的案場除了工程期間較長外，出入的工種、作業人員、設備繁多；因此，立框作業除了在確保窗樘安裝時的端正外，也必須著重在窗框安裝後的穩固性，避免窗樘在嵌縫過程，或因其他工項的不慎碰撞，造成窗樘歪斜。

　　濕式工法的立框步驟較多，包括：膨脹螺絲植釘、基準線的放樣、固定片的安裝，甚至是銲接作業，比乾式施工要複雜；概括來說，濕式工法的立框工項可以區分為三個主要流程：

流程 ❶ 牆面植釘（屬電銲工法）、窗樘假固
　　　　定、窗體基準線調整。
流程 ❷ 固定片安裝。
流程 ❸ 固定片打釘或以銲接方式與植釘接合。

　　由於濕式工法的立框，又會因為使用的固定方法及固定片型式的不同，而有「打釘固定法」與「電銲固定法」兩種差別，因此作業內容也會有一些小小的差異，概如下表：

1 —— 濕式工法中的「電銲固定法」涉及膨脹螺絲鑽釘與
　　　固定片的銲接，雖然結構強度最佳，但相對也是所
　　　有立框作業中最繁複的工法。（圖片提供：左大鈞）

濕式施工法的立框作業程序與內容

步驟	工作內容	效用	適用工法
❶ 植釘	將不鏽鋼壁釘或膨脹螺絲植入結構牆的開口部位	作為後續固定片銲接之用	電銲法
❷ 假固定	以固定架或墊材將窗樘暫時性的固定在結構牆的開口部位	窗體及各項基準線調整	電銲法 打釘法
❸ 窗體基準線調整	以雷射水平儀、水平尺、水線確認窗樘的水平、垂直、進出面基準線	確保各項基準線端正,無歪斜與傾角	電銲法 打釘法
❹ 固定片安裝	將固定片緊勾在窗樘的下緣（與結構牆相接的一面）	預備銲接與打釘之用	電銲法 打釘法
❺ 固定片打釘	將已安裝好的固定片,貼著牆面進行彎折,再以不鏽鋼釘將固定片釘鎖在結構牆面上	穩固窗體	打釘法
❻ 固定片銲接	以電銲方式,將窗樘上的固定片與牆面上預先埋設好的膨脹螺絲進行銲接	穩固窗體	電銲法
❼ 固定片防鏽	將固定片上的銲渣敲除,再對銲接點噴塗紅丹漆	銲點防鏽	電銲法
備註	濕式施工法的立框作業程序與內容,仍會依據施工環境、設備條件、技術或契約協議等因素,而有些微不同。		

「打釘固定法」VS「電銲固定法」

「打釘固定法」使用的是一般鍍鋅固定片，作業方式是將一般式固定片預先安裝於窗樘的下緣（與結構牆相接的一面）上，再以不鏽鋼釘將一般固定片釘鎖在結構牆面上，穩固窗體。

「電銲固定法」，使用的則是電銲式固定片，其作業方法是將膨脹螺絲（或不鏽鋼壁釘）預先鑽鎖在結構牆的開口上作為銲點，然後再以電銲方式，將窗樘上的固定片與牆面開口上的膨脹螺絲進行銲接，穩固窗體。

濕式施工法的「打釘立框方式」，是利用不鏽鋼釘與固定片，將窗樘釘鎖在結構牆的開口面上，以達到穩固窗體的效果。（圖片提供：左大鈞）

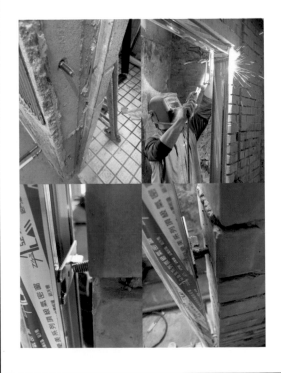

電銲立框方式，是先將膨脹螺絲（左上）鑽入結構牆後，再以電銲方式（右上）將預先裝設在窗樘上的固定片（左下）與膨脹螺絲進行銲接與防鏽作業（右下），以達到穩固窗體的效果。（圖片提供：左大鈞）

NOTES:

「電銲」、「打釘」固定法效益比較表

電銲固定法	+ 固定片較厚實，銲接強度也較佳。 + 所需預留的銲接作業縫隙比較大。 + 施工複雜性高，立框作業所需時間較長。
打釘固定法	+ 固定片較為軟薄，結構強度不若電銲工法穩固。 + 立框完成後，須盡速進行嵌縫，以免不慎受到碰撞而導致框體基準線偏移。 + 作業速度比電銲固定法快速。

2 ── 立框作業除在確保窗框的端正外，也關係著窗體的牢固性，並提供鋁窗在承受外力時的抗拉扯強度。（圖片提供：左大鈞）

施工開始

STEP1. 基準線測量

在鋁窗安裝的立框作業中，「垂直」、「水平」與「進出」三項基準線的量測至為重要，因為這個工項關係著窗體在牆面上的實際位置外，也影響著立框後的框體是否會有歪斜、不正的狀況。

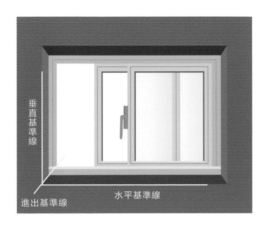

在新建工程中，「水平基準線」用以確認窗樘在牆面上的實際高度位置，「垂直基準線」則是決定窗樘在牆面上的橫向位置，而「進出基準線」在於決定窗樘在台面上的深度位置；如果放樣基準線失準，將造成窗體位置偏差，而使左右或上下的窗戶沒有在同一直線上。

3 —— 立框作業時，應以雷射水平儀(左圖)與水平尺（右圖）隨時確認各項基準線的狀態，以免框體出現歪斜、不正與傾角的問題。
（圖片提供：左大鈞）

基準線的實質效用

在新建案的建築工程或大型裝修案場，營造或設計單位都會進行放樣線的標示，以利鋁窗安裝人員能夠依據放樣線，量測出窗體在安裝完成後的應該位置（也就是所謂的完成面）。

在三項基準線中，「水平基準線」係決定窗楹在牆面上的實際高度位置，「垂直基準線」則是決定窗楹在牆面上的橫向位置，而「進出基準線」決定的是窗楹在窗台面上的深度位置。一旦基準線失準，立框位置就會出現偏差，並導致各個窗楹高低、左右及深淺位置不一，而落地式窗門也可能因為「完成面」的錯誤，出現門檻過高易絆腳或太低無法擋水的問題。

因此，立框作業前，鋁窗安裝人員務必確認營造或設計單位的放樣是否明確，是否與建築圖面相符；如果標示與工程圖面不符，或有標示不明的狀況，應即協調營造或設計單位確認，以免立框位置錯誤，而需敲除重立。

至於一般單純的舊窗換新工程（包含乾式施工法），立框通常是在原來的牆面開口進行，所以通常不會有放樣標示；立框時僅會以雷射水平儀、水平尺與水線，確認框體的水平、垂直與進出面的端正，及窗框面在窗台上的深度是否一致。

落地式門窗在立框時，應先確認未來的「地板完成面」高度，才不會在立框後出現門檻位置過高或太低；而所謂的「地板完成面」指的就是地磚、木地板或其他地板材在鋪設完成後的實際高度位置。
（圖片提供：左大鈞）

STEP2. 固定片選用與安裝

　　濕式工法立框是否良好，除了在於窗體端正與位置精確外，還有窗體的支撐力與結構強度是否足夠；而決定支撐強度的重要關鍵，在於固定片的安裝品質。雖然「打釘固定法」與「電銲固定法」所使用的固定片形式、質地、厚薄、固定方式都不盡相同，但相同的是，如果固定片品質不佳、安裝不確實，或是裝設密度過疏，那麼窗體在承受較大的外力或風壓時，就容易發生變形或鬆動的問題。

　　以下，就是固定片在選用與安裝時的注意事項：

❶ 「打釘固定法」所使用的固定片厚度應達 1.2 mm，且須經鍍鋅處理，與鋁材接觸時才不會因為電位差而發生腐蝕。

❷ 由於「打釘固定法」的固定片較為軟薄，立框後應避免踩踏並須立即嵌縫，以免固定片載重過久或受外力碰撞而傾斜。

❸ 如採「電銲固定法」立框，須注意鋁窗塗裝防護，以免被噴濺的火花燒傷；銲接完成後，應將固定片上殘留的「銲渣」敲除，再噴上紅丹漆強化防鏽。

❹ 由於「電銲固定法」會有火花產生，易燃品或揮發性清潔用品均須遠離施作現場；室內家具或地板亦須防護，以免被火花噴傷。

❺ 如窗樘寬度超過 10cm 時，建議採用強度較佳的「電銲固定法」，且每個固定片應銲接兩支膨脹螺絲為宜。

❻ 不論「打釘固定法」或「電銲固定法」，固定片應安裝於距離邊角約 10~15cm 位置，固定片的間距，以不大於 45cm 為原則。

❼ 面積較大的窗型，上方橫料的固定片密度一定要足夠，否則日久容易出現鋁材下垂的情形。

4 —— 如果窗樘寬度超過 10 公分，建議應採用「電銲固定法」，且每個固定片應至少銲接兩個銲點（上圖左）；電銲作業易產生火花（上圖中），因此必須注意鋁材面體、家具、地板的防護，以免表面被火花噴傷；而銲接完成後，應做防鏽處理（上圖右）。
（圖片提供：左大鈞）

NOTES：
老宅翻修工程 立框與牆面歪斜

　　既然談到立框放樣與基準線，就順便來談談為什麼一些舊宅在窗戶翻修工程後，卻發現新裝的鋁窗與牆面之間，好像有著歪斜的情形。

　　其實，老舊建築可能因為當初興建時的工法與設備不完備，或是壁面的粉刷塗層厚薄不均，或曾經歷過較強的地震等因素，才會有牆體出現斜傾或不平整的情形；在這種情形下，為確保鋁窗立框後的重心沒有偏移，所以安裝時就不能以傾斜的牆面來作為放樣基準。

　　但這樣一來，鋁窗雖然端正了，卻使得鋁框與窗台面之間的縱深，出現了上下沒有等寬的傾角問題，如果傾角是出現在室內側，就容易會有視覺不協調的突兀感，甚至會影響到裝修美感；如果業主很在意，建議可請木作師傅以板材來修飾視覺的傾角或遮掩牆面的斜傾。

　　至於，牆面與窗框間出現有傾角狀況時，究竟是鋁窗立框不正，還是牆面本身有歪斜呢？可請包商以雷射水平儀來進行確認，或是自行使用水平尺，來量測牆面與立框面的進出基準線，就可以確認傾角是什麼原因所造成。

鋁窗安裝後，卻感覺是歪的，這樣的狀況可能是立框不正，更有可能是牆面本身歪斜所致，但因牆面為視覺的主體，許多人會直覺反應是窗戶不正所造成的歪斜。（圖片提供：左大鈞）

立框時必須確認框體的水平、垂直與進出面基準線是端正的，而不能遷就牆面的現況，否則窗扇套裝後，窗體的重心就會有所偏差，除會使氣密性變差外，橫拉窗的輪輪也會因為受力不平均而容易損壞。（圖片提供：左大鈞）

此外，也可在牆面上方打上釘子，並垂掛一條細繩，然後在細繩的另一端綁上重物，再使細繩自然下垂，形成標準的垂直基準線後，就能檢視出是牆面歪斜或立框不正的問題了。

 以細繩垂掛重物形成垂直基準線（左圖），基準線上端距牆 5 公分（中圖），而下端距牆 6 公分（右圖），顯示牆有歪斜情形，才會出現上下端距牆寬度不一致的狀況。
（圖片提供：左大鈞）

step3. 窗樘在牆面上的立框位置探討

窗樘立框時，是該對準牆面中心線，還是可以外推貼靠在窗台的邊緣呢？如果業主或設計師沒有特殊要求，窗樘多會以牆面中心線來作為立框的基準，除可使牆面與窗面能有較佳的層次感之外，鋁窗的外切面也能與牆面的滴水線保有一定的退縮深度，這樣窗框及玻璃受到風雨的影響程度會比較小。

設計上如果必須將窗樘往外側邊緣貼靠時，必須留意立框後的位置是否會影響打水路的矽利康施打，因為窗樘與窗台壁面如果完全切齊，則框面與壁面就沒有太大的高低落差，打水路的矽利康就只能在接合縫的表層上塗抹，矽利康的附著度就會變差，日後便容易脫落並影響到防水效果。

5 ——
窗樘推近外牆切面，雖能增加室內窗台面的使用空間，但也因為太過貼近滴水線，使得受風雨的影響性變得更大。（圖片提供：左大鈞）

NOTES：
立框貼近外牆完成面該注意什麼

立框位置至少能從牆外的最終完成面（外牆壁磚或其他壁材完工後的切面）退縮20mm，這樣就能確保窗樘與窗台保有一個約90度的接角，有助打水路的施作。

如果牆面有歪斜的狀況，而窗框又必須貼近外牆完成面時，一旦立框稍不留意，就容易造成部分窗體露出外牆完成面，這樣一來雨水也容易從這個外露的位置滲入到牆體或框體內側。因此，立框時必須先確認外牆灰誌的位置，再從預定完成面向內退縮至少20mm，才能確保窗體不會外露，並能有足夠的打水路空間。

此外，窗樘過於貼近外牆面，會提高受雨機會，並在大風壓下因為撓曲而滲水；因此位在受風面、受雨面的環境，可在外牆的窗體上方搭設雨遮，減少受雨量。

 如窗框與牆面過平，除了矽利康不易附著外，也容易在清潔擦拭時脫落。（圖片提供：左大鈞）

窗樘與窗台面有足夠的空間，且有非平面的接角，打水路時，矽利康就較為厚實，附著性較佳，防滲水的效果相對也較好。（圖片提供：左大鈞）

STEP4. 嵌縫填漿

　　當濕式工法的立框作業完成後，就需立即安排嵌縫作業；而所謂的嵌縫，就是對窗樘與結構牆的空隙，進行水泥砂漿的灌填，以穩固窗體。

　　而嵌縫作業除了關係穩固性之外，也影響接合面的防水效果，如果嵌縫作業不確實，很容易在下雨的天候出現滲水問題。因此，嵌縫作業前，應先將圬工面上的各項墊材、廢土、鬆動沙石渣等異物清除乾淨，以免降低了水泥砂漿的黏合度或在內部形成縫隙。

6 ──「嵌縫」就是在窗樘與牆面間的空隙，灌填水泥砂漿。（圖片提供：亞樂美精品氣密窗）

7 ── 嵌縫可謂是框體與牆體間的介面，嵌縫如不確實，日後就容易漏水。（圖片提供：亞樂美精品氣密窗）

嵌縫作業的細節

嵌縫作業事關鋁窗的結構強度與防水性，施作的注意事項有：

✚ 水泥與砂漿較佳的比例為 1：3；如果水泥含量過低，會影響嵌縫強度，而水泥砂漿也會有黏合不佳的狀況，並容易出現起砂、含水及龜裂狀況。

✚ 水灰比不能超過 0.8，如果水泥砂漿含水量過高，或攪拌不夠均勻，會導致嵌縫層表面泌水，並降低了水泥的強度，容易在日曬、地震、窗扇承受較大風壓時出現裂縫，並導致外牆受雨時，會透過裂縫的毛細現象，使牆體發生潮濕、滲水、發霉、壁癌等問題。

✚ 含水量過高，砂漿黏性也會變得較稀，窗樘兩側立料、下橫料與牆面間的嵌縫砂漿，就容易因重力關係而下沉，使得這幾個位置的頂端出現空心或黏合不佳。

✚ 水泥砂漿中，可適度添加防水劑或防水土粉，增加防水效果。

✚ 嵌縫空隙建議以左右兩側各約 2cm、上下端各約 3cm 為佳（電銲立框嵌縫空隙可能會稍大一些）；嵌縫空隙過大時，應提高水泥砂漿的水泥比例或降低砂漿中的含水量，以避免砂漿不易塑形。

✚ 進行牆面兩側立料的嵌縫作業時，應注意窗樘邊角的包裝材，是否有阻礙砂漿灌注的情形，以免造成灌填空洞不密實。

✚ 鋁窗如有使用併接方管或鋁材時，應在方管或併接鋁材朝上的空心處，加裝封口蓋或適當的填充材，以免嵌縫灌填時，砂漿沉入方管或併接鋁材內部，而影響到嵌縫的效果。

鋁窗如有使用併接方管或鋁材時，應在朝上的空心處，加裝封口蓋或適當填充材，以免嵌縫灌填時，砂漿沉入方管或併接鋁材內部，而影響到嵌縫的效果。（圖片提供：左大鈞）

+ 嵌縫砂漿應灌填適量並避免過飽，以免水泥膨肚而使框體受撐變形，造成窗扇與窗樘無法完全密合的問題。

+ 嵌縫完成後，可在砂漿及後續的粉光面上刷佈防水塗層，增加外牆防水效果。

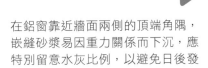

在鋁窗靠近牆面兩側的頂端角隅，嵌縫砂漿易因重力關係而下沉，應特別留意水灰比例，以避免日後發生滲水問題。（圖片提供：左大鈞）

STEP5. 拆紙作業

　　鋁窗在出廠前，都會裹覆包裝材，以防塗裝表面發生擦傷或髒汙；而所謂的拆紙作業，就是將鋁窗上這些包裝材進行割除作業；然而，這看似單純的工作，卻也有一定的工序，如果方法不正確，可能會刮傷鋁窗塗裝與膠條，沾留在包裝材上的泥塊、砂石也會掉入玻璃溝槽內，堵塞住排水孔而導致鋁窗滲水、複層玻璃夾層出現水氣等問題。

　　在割除鋁框包裝材前，應先清除包裝材上灰泥，而刀片應由窗樘軌槽或窗扇玻璃溝槽處下刀，並順著溝槽一直線過刀，拆紙順序應由上而下，先拆上方橫料包裝材，其次拆除邊支立料包裝材，最後才拆除鋁窗下方橫料包裝材。

由於濕式工法涉及嵌縫填漿，包裝材上就更容易沾留砂漿，因此務必按照上述要領進行，以避免具有酸性的泥沙掉落至玻璃溝槽內，而造成鋁材日後氧化腐蝕，或堵塞住溝槽內排水孔。

8 —— 鋁窗出廠並送交案場時，都會裹覆貼紙、PE膜與膠帶等包裝材，以防護塗裝在立框及嵌縫時不會受到髒汙或不慎刮傷。（圖片提供：左大鈞）

9 —— 鋁窗包裝材的拆除，應由上自下（左圖），避免砂礫掉落在玻璃溝槽內；由於嵌縫作業容易髒汙包裝材（右圖），在進行拆紙作業前，要先將包裝材上的泥沙清除乾淨。（圖片提供：左大鈞）

NOTES：
乾式工法與濕式工法的拆紙時間點有何不同？

一般來說，乾式工法的拆紙，會在立框前進行，而濕式工法的拆紙，則是在嵌縫完成，且外牆磁磚、抿石、防水及室內面粉光等工程完成後才會進行，以避免這些裝修項目的沙塵、砂漿髒汙了鋁窗。拆紙作業雖看似簡單，但如果包裝材清除不確實，可能會殘留貼紙、PE 膜與膠帶，影響後續打水路時的矽利康黏合性與包覆效果，甚而導致滲水問題，因此不得不慎。

由於濕式工法涉及了嵌縫填漿作業，因此在立框作業時，不會拆除鋁窗上的包裝材，以免鋁窗塗裝受到後續的嵌縫或其他外牆工程所髒汙。（圖片提供：左大鈞）

step6. 打水路作業

濕式工法的嵌縫作業完成後，窗樘已與砂漿緊密的黏合，但因為鋁材及水泥二者的膨脹係數不同，因此在熱脹冷縮的效應下，原本應該緊緊相黏的接合面，就容易出現有隙縫。而所謂的打水路（又稱塞水路），就是在室外側窗樘與嵌縫的接合處打上矽利康，利用矽利康的附著性與伸縮彈性，來封閉不同材料間的隙縫；而對乾式工法來說，打水路的矽利康填打位置，則應包含室內、外兩側及包框料、併料的接合處，才會有較佳的水密效果。

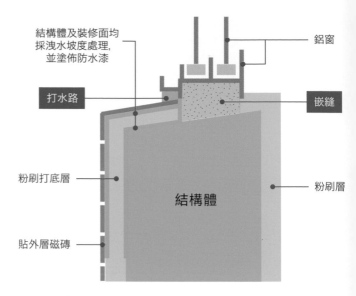

結構體及裝修面均
採洩水坡度處理，
並塗佈防水漆

鋁窗

打水路

嵌縫

粉刷打底層

結構體

粉刷層

貼外層磁磚

10 —— 打水路就是在窗樘與泥作的接合面打上矽利康，以達到防水的效果。
（圖片提供：左大鈞）

專/家/筆/記

FOR PROFESSIONALS：

打水路作業的細節

打水路的目的在於防水，因此，矽利康填打時有些細節必須特別留意：

✚ 矽利康填打應同時包覆住鋁框面與結構牆面或嵌縫面，如此才能有較完整的覆蓋性以及抑制滲水的效果。

✚ 矽利康填打前應確認嵌縫的砂漿已完全乾燥，窗樘及嵌縫處的表層灰沙也清潔乾淨，且包裝材亦確實割除，殘餘的舊矽利康也已清除，才能確保矽利康密實黏合。

✚ 雨天及下雨過後，不適合立即進行水路的施打，因為雨後牆面易吸附水氣，壁面內的水氣蒸發時，就容易發生矽利康鬆脫或黏合不牢的狀況。

✚ 打水路前應於矽利康填打位置的兩側，工整貼上紙膠帶，然後再進行填打與修抹，除可避免矽利康髒汙到鋁框與壁材表面，也能確保矽利康切線平直美觀。

✚ 矽利康選用時，宜選擇與壁材或鋁窗塗裝相近的色系，才不會顯得突兀。

1 ── 打水路的矽利康應同時包覆住窗樘框體與窗台結構面，才能有較佳的防滲水效果。（圖片提供：左大鈞）

2 ── 矽利康填打前，可在填打位置的兩側先貼上紙膠帶，避免矽利康髒汙到鋁框與壁材表面，也能確保切線的工整美觀。（圖片提供：左大鈞）

3 ── 矽利康的顏色應與窗樘或壁面相近，否則容易出現突兀或不協調的效果。（圖片提供：左大鈞）

step7. 玻璃安裝

　　玻璃在套入窗扇的溝槽前，應先確認溝槽底部已放置有橡膠墊塊，墊塊厚度需視溝槽深度而定，原則上應確保玻璃至少有 6.5mm 的吃深，且放置的位置不應遮住內部排水孔；而玻璃安裝時，應與窗扇溝槽的邊框維持 2~2.5mm 的面間隙，如果面間隙過小，除影響矽利康的吃深外，在拉動窗扇時也容易造成玻璃與鋁框間的碰撞，而增加玻璃破裂的風險。

11 —— 鋁框溝槽中的橡膠墊塊，具有緩衝玻璃震動與抑制熱橋效應的效果；而當玻璃尺寸較大、較厚、重量較重時，使用較多的玻璃墊塊，也有助分散墊塊的受力，並可避免受力點因為承載過重而發生變形。（圖片提供：左大鈞）

專/家/筆/記

FOR PROFESSIONALS：

玻璃套裝作業的細節

玻璃套裝的工項主要有「套入溝槽」及「矽利康填縫」兩個部份，相關作業細節有：

✚ 半反射玻璃套裝時，應注意鍍膜層的方向性，以免影響到半反射玻璃色澤的一致性（Low-E 玻璃安裝時亦應注意鍍膜層的方向）。

✚ 玻璃套入窗扇溝槽後，應確實將窗框（橫拉窗）或固定壓條（固定窗、推開窗）重新緊固，如果緊固不確實會影響結構安全，風壓較大時也會因為鬆動而出現喀、喀的異音。

✚ 玻璃套入溝槽後，應以適當厚度的墊片，緊塞在鋁框與玻璃間的隙縫中，以達到防止玻璃晃動或出現傾角的情形；此外，墊片切勿使用會腐爛的材質（如：紙類、木片），以防止日後形成碎屑堵塞住排水孔，而產生鋁材內部積水問題。

✚ 矽利康填打前，應進行灰塵的清潔，以增加矽利的黏合性，並可避免矽利康因為沾黏到灰塵而髒汙。

✚ 窗框與玻璃如受雨、霜、結露或其他原因而潮濕時，切勿進行玻璃安裝與矽利康填縫作業，以避免玻璃過滑而從吸盤脫落，或造成矽利康黏合效果不佳、剝落等問題。

最右邊窗扇玻璃因為面向裝反，所以色澤與其他窗扇略有差異。

半反射玻璃立面呈現暗深色且透光性較差

而清玻璃的立面則是呈現綠色且透光性較佳

▲ 半反射玻璃的鍍膜層，會受到玻璃正、反面不同透光性的影響，而有著些微的色澤差異；因此，應注意安裝面向的一致性，才不會使各個窗扇的玻璃出現有色澤不同的問題。通常半反射膠合玻璃是由一片鍍膜玻璃與一片清玻璃所組成，我們除可藉由玻璃上烙印的標示來識別外，也可從玻璃立面的顏色判斷（上圖右）。（圖片提供：左大鈞）

4 —— 採用壓條的窗型在玻璃安裝時，一定要將固定壓條確實裝好並扣緊；壓條如果鬆動，未來在大風壓時，就可能受到玻璃的擠迫，而咯咯作響。

5 —— 當玻璃套入窗扇溝槽後，會在面間隙中填塞橡膠墊片（左圖），但如墊片為紙類或其他易腐物品（右圖），就容易在日後因為腐爛，而堵塞溝槽內排水孔。

✚ 矽利康應選用與窗扇塗裝相近的顏色，以避免色調突兀。

✚ 玻璃施打矽利康時，應避免與砂漿攪拌、披土研磨、噴漆、木料或矽酸鈣板鋸切等會產生粉塵、灰屑的工項一起作業，以免揚塵沾黏。

✚ 矽利康未硬化前，應避免劇烈拉動或開啟窗扇，以防止玻璃重心因為晃動而出現偏移，或導致矽利康受到擠溢而影響到密合效果。

✚ 矽利康填縫後，不宜立即進行室內的清掃或窗框與玻璃的清潔作業，以免揚塵沾黏於矽利康上，或不慎觸摸到未乾的矽利康。

✚ 如玻璃面間隙的填塞，是採用橡膠條來取代矽利康，則橡膠條填塞時，應特別留意轉角位置是否填塞確實，以防漏風、滲水；橡膠條容易年久硬化、變形、見縫，當發現上述狀況時，則應予更換。

6 —— 玻璃套裝時，需利用吸盤來固定與提舉玻璃；如玻璃面潮濕，將影響吸盤的吸附力，而有掉落破裂或砸傷作業人員的風險。

7 —— 玻璃面間隙如果是以膠條來進行填塞，則應特別留意橫、立面的轉角處是否有填塞確實，以防密合不實而出現漏風與滲水問題。

專/家/筆/記

FOR PROFESSIONALS：

大型或重型推開窗（門）的玻璃掉角安裝工法

大型或重型推開式窗（門）的窗扇或門扇常有下垂而無法關閉密實的情形，絕大部分的原因，是因為窗扇、門扇本身及玻璃的重量過重所致，我們可以運用下面的玻璃掉角安裝工法，來減緩鉸鍊或連桿機構的受力狀況，以防窗（門）扇出現下垂的情形：

❶ 將一個用來承重用的橡膠墊塊，擺放在下橫料的玻璃溝槽中，並使其儘量靠近鉸鍊或連桿機構的固定位置（下圖標示①），相對的一端則不擺放墊塊，如此便能將玻璃的重力拉近至鉸鍊或連桿機構的一側，而達到減緩窗（門）扇下垂的效果；這就像是跳水選手站在跳水板一樣，如果所站位置離跳水板支點愈遠，則跳水板的彎曲量就愈大；反之，選手如果站得離支撐點愈近，則跳水板下垂的彎曲量就愈小。

❷ 承上，由於窗（門）扇下橫料中的墊片只擺放單一側，因此沒有放置墊塊的那一端，就會自然的往下垂墜，而出現所謂的掉角情形；這時我們可在玻璃的掉角端，再放置一個墊塊（下圖標示②），如此就能讓這個墊塊支撐住玻璃，避免玻璃最脆弱的邊隅敲擊到鋁框而發生破裂。而受到玻璃掉角端壓迫著墊塊的影響，窗（門）扇原本向下重力，也會分散到窗框立料上，進而減緩鉸鍊或連桿機構的受力（墊塊擺放方式，詳下圖所示）。

❸ 玻璃裝入窗（門）扇溝槽中時，也可以讓玻璃稍微斜傾掉角，讓部分向下的重力再往鉸鍊或連桿機構方向分散，惟玻璃掉角時，角度不宜過大，以防止邊隅撞擊到鋁框，或導致部分位置見縫，或是出現吃深不足的情形。

玻璃墊塊

② 此墊塊依掉角狀況作厚薄調整

玻璃墊塊

① 玻璃墊塊

晨間時，我家的鋁窗為什麼會出現喀喀的異音

鋁窗發生有擠迫的喀、喀異音，通常是在日夜溫差變化較大的晨間 (熱脹效應)，或是在風壓較大 (撓曲效應) 的天候情況；而在各式窗型中，面積較大的固定窗、推開窗、併接窗，出現異音的問題最為常見，主要原因不外乎：

❶ 大型景觀窗所使用的玻璃通常會有一定的厚度，然而鋁窗的玻璃溝槽寬度過窄，使得玻璃在套裝後出現「面間隙」不足的狀況，因此當鋁框、玻璃在晨間受到日曬而膨脹，或是受到風勢擠壓時，就會因為玻璃與鋁材間的擠迫而出現異音；而玻璃面積愈大，受風壓時的撓曲也愈顯著，異音情形就會更明顯。

玻璃厚度關係結構強度，因此不宜任意更換為較薄的玻璃來改善「面間隙」過小的問題，而玻璃溝槽也是無法說更換就能更換，所以在處理上較為棘手。

玻璃溝槽

玻璃溝槽為鋁窗套裝玻璃的位置，必須依據玻璃厚度，選用合適的溝槽寬度，否則就容易有「面間隙」過小的狀況，並容易在強風或鋁材受到日照膨脹時，使玻璃與鋁框相互擠迫而出現喀、喀或啵、啵的異音。

❷ 因為固定窗、推開窗都是採用壓條的玻璃安裝方式 (也就是玻璃在套入鋁框前，需將固定在鋁框上的壓條先拆下，玻璃才能套入鋁框中，等到玻璃套入完成後，再將壓條裝回窗框，以達到固定玻璃的效用)，當鋁窗的面積較大時，玻璃壓條的長度也相對會比較長，而壓條愈長就愈容易有扭曲與彎曲的變形狀況，所以就會造成壓條與窗框接合處的卡榫出現接合不良的問題；因此，這些壓條卡榫接合不良的位置就容易在日曬膨脹，或受到較大風壓時出現異音；此外，壓條在套回窗框時如果未予裝正或壓緊，也同樣會在鋁材膨脹或強風時出現異音。

如果以手指緊壓窗框上的壓條會有喀喀的聲音，應請安裝廠商重裝壓條或更換壓條，必要時可在壓條上加鎖自攻螺絲提高壓條接合強度，並在螺絲打上矽利康作為防水；

但要特別提醒，有些鋁窗的玻璃壓條是在室外側 (尤其是新建的大樓)，基於安全顧慮應由專業高空作業人員進行處理。

❸ 由於併接窗 (多樘窗戶以併接鋁材進行組合) 可能會使用到一種 T 字形的併接料 (又稱為「T 併」) 來作為兩樘窗戶間的接合之用，而為了讓這個併接鋁材美觀，通常會在鋁窗立框完成後再套裝一個蓋板來修飾窗樘與窗樘之間的接合面；然而這個蓋板如有扭曲或不正的狀況，也會造成卡榫無法與併接料完整密接，而容易在受到擠迫時出現有異音的問題；此外，在 T 併上用以接合蓋板卡榫的固定片，如果有高低不一致的情形，也會造成蓋板卡榫接合不良的問題。

如果我們在用力壓擠併料蓋板時，會出現喀喀異音，就表示卡榫接合不良，應請廠商拆下蓋板並檢視蓋板是否有變形，或是併料上的固定片有高低不一致的狀況，再依據實際狀況採取必要的更換蓋板、填打矽利康緩衝、矯正固定片高度的相對措施來作改善。

固定窗與推開窗多是以壓條來固定玻璃，而壓條的固定方式則是採用卡榫來作接合；而窗扇愈大，壓條就愈長，如果壓條有扭曲或彎曲變形，就會有造成卡榫接合不密實，並容易在鋁材膨脹或強風時，因為鋁材擠迫而出現異音。(圖片提供：左大鈞)

併料蓋板同樣也會有卡榫設計，才能與安裝在 T 併上的固定片接合，如果蓋板準直度扭曲，或是固定片安裝時的高低位置差異過大，就會有扣接不良的情形，並在鋁材膨脹或強風時，出現擠迫的異音。(圖片提供：左大鈞)

step8. 配件的檢查與調整

　　鋁窗從生產、包裝、堆疊、運送、現地暫放、立框、玻璃安裝到套窗完成，期間可能會因為搬運不當、碰撞或案場環境不佳等狀況，而導致配件鬆動、失準、掉落、損壞、髒汙或咬合過緊等情形；此外，配件在製造與安裝過程中，也是會有精度偏差的可能，因此鋁窗在完成套裝後，安裝人員必須再針對各個配件的功能性及窗扇的密合性進行檢驗，並依實際問題採取對應的調整、潤滑或更換措施，才能確保鋁窗能夠達到最初設計時的性能水準。

12 —— 配件的調整是在確保鋁窗的各項性能都能達
到設計時的水準。(圖片提供：左大鈞)

接下來我們就介紹幾個鋁窗主要配件的檢查要點與調整技巧，這些內容不僅適用於鋁窗安裝完成後的檢查調整，日後如果鋁窗的水密、氣密與隔音出現問題，業主也可利用這些技巧 DIY 來改善鋁窗的性能。

窗扇啟閉的順暢性檢查

有些工程進行時間較長，鋁窗就會長時間暴露在灰沙、粉塵彌漫的環境中，加上進出案場的工班與設備眾多，難免會有碰傷鋁窗五金機構的情形，這些都可能會影響窗扇開啟時的順暢度。檢查技巧有：

一、橫拉窗

❶ 窗扇拉動不順暢或有不正常抖動與異音時，先檢查窗扇底部的輥輪是否故障，或是輥輪未確實套在窗樘輪軌上，再依實際狀況進行輥輪更換或是將窗扇重行套裝。

❷ 如果窗扇在關閉時，前後窗扇的疊合處出現有明顯的見光縫隙，表示窗扇輥輪可能未精準的套在輪軌上，可將窗扇卸下並重新套裝。

❸ 若窗樘上的輪軌有被外力撞擊而出現不正或變形歪斜，窗扇的輥輪在經過該變形位置時，就會出現卡卡不好拉動的現象；可在變形處墊上木塊，再以膠錘敲擊墊木方式，矯正窗樘輪軌的準直度。

❹ 確認窗扇立料的上、下方塑膠蓋板是否未裝妥當，或有鬆脫情形，而導致塑膠蓋板摩擦到窗樘，影響到窗扇開啟的順暢性。

❺ 如果窗扇拉動時，會與窗樘上的膠條產生過度摩擦，可先檢查膠條是否有變形、鬆脫或卡有異物等情形，再評估是否應更換或調整膠條，或以適合之中性潤滑劑對膠條進行清潔與潤滑。

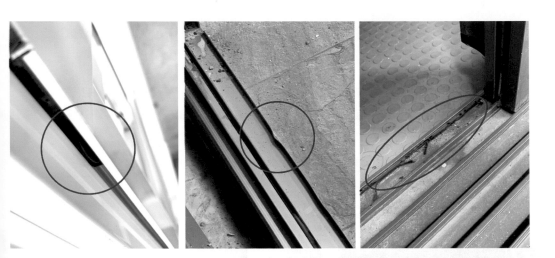

13 —— 橫拉窗輥輪應準確套在輪軌上，才能確保拉動時的順暢（上圖左）；如果輪軌受到撞擊而變形時，在窗扇或紗窗輥輪行經變形位置，就會出現明顯的晃動（上圖中）；而窗扇與窗樘膠條貼合過緊，也會增加窗扇拉動時的阻力，甚至造成膠條破損（上圖右）。（圖片提供：左大鈞）

二、推開窗

❶ 窗扇推動不順暢或發出異音狀況時，可先檢查是否有砂石或異物卡在了連桿機構上，並以中性潤滑劑對連桿機構進行清潔與潤滑。

❷ 檢查窗扇是否端正，如出現下垂掉角的情形時，可重新調整玻璃墊塊位置的方式，來改善窗扇掉角問題（調整方式請參閱第 209 頁的「大型或重型推開式窗（門）的安裝技巧與玻璃掉角安裝工法」）。

❸　把手轉動時如有過緊的情形，應確認把手機構是否也是
　　因為案場灰沙與長時間未使用的緣故，而導致轉動困難；
　　如把手經過清潔潤滑後，過緊的狀況仍未能改善，則應
　　將把手做更換。

❹　如果推開窗裝有連動桿（位在把手端的立面位置），而
　　連動桿卻未能與窗樘上的受口準確對位時，也會導致把
　　手出現轉動過緊的狀況，建議可調整受口角度，降低連
　　動桿在活動時的阻力，以改善把手轉動時的鬆緊度（但
　　要特別提醒，受口的功能在於緊迫窗扇關閉時的密合度，
　　如果調整後，把手轉動有過鬆的狀況，即表示窗扇已無
　　緊逼密合的效用，恐將影響氣密、水密與隔音表現）。

14 ── 連桿機構的功能在於支撐與啟閉窗扇，如果案場環境不佳，加上長時間未作動，灰
　　　沙就容易沾黏在連桿機構的潤滑油膜上，而影響推拉時的順暢性。（圖片提供：左大鈞）

15 ── 連動桿是安裝在窗扇把手端的立面位置（右圖），當窗扇在關閉位置時，會隨著把
　　　手的轉動而升降，並使得「頂鈕」（右圖紅圈處）會順勢卡進窗樘上的「受口」（左
　　　圖紅圈處）內，而達到提升窗扇密合度的效果。由於連動桿的動作是靠把手來制動，
　　　如果「頂鈕」套入「受口」的阻力過大，把手就會有轉動過緊的問題。（圖片提供：
　　　左大鈞）

橫拉窗內、外框的垂直度調整

調整 ❶　橫拉窗的窗扇在套入窗樘後，應檢視窗扇與窗樘的水平與垂直度是否一致；如果不一致，窗扇就無法與窗樘膠條緊密貼合，將影響到水密、氣密與隔音性能。

調整 ❷　以角規檢查窗扇四角是否為 90°直角；如非 90°直角，應將窗扇取下調整。

調整 ❸　如窗扇四角均為 90°直角，但仍有不密合情形時，則有可能是窗樘立框時歪斜或窗扇左、右側輥輪高低不一致所造成；針對此種狀況，可藉由調整窗扇左、右側輥輪的升降，來改善水平與垂直度偏差的問題。

16 —— 以角規確認窗扇是否為直角，如非直角，即表示窗扇為菱形狀態，套入窗樘後就可能會有密合不良的顧慮。（圖片提供：左大鈞）

17 —— 從窗扇與窗樘間的間隙是否上下一致，可判斷窗扇與窗樘的水平與垂直度是否一致（左圖）；如果上下寬度不一致，可藉由調整輥輪的升降螺絲（通常位在窗扇立料最下方孔塞內）來改善窗扇角度（右圖）。（圖片提供：左大鈞）

止風塊緊定

調整 ❶　止風塊是安裝在橫拉窗窗樘的上方橫料內，其主要功能是增加窗扇關閉時的密合效能，可防止風切聲及雨水從窗扇的疊合處上方竄入或滲入室內；因此，當窗扇在套入窗樘後，應將止風塊推入窗扇間的疊合位置內，再以螺絲緊定。

調整 ❷　由於止風塊會影響窗扇的拆卸，因此窗扇要從窗樘取下時，應先將止風塊移出原來位置。

18 —— 止風塊是位在窗樘上方導軌中，可前後移動；在窗扇緊閉時，應將其推入窗扇間的疊合位置，再以螺絲鎖緊，否則窗扇拉動時，止風塊也會被拉離原來位置。(圖片提供：左大鈞)

橫拉窗連動桿的調整

調整 ❶　橫拉窗連動桿通常是列為選配裝置，位在把手鋁料內側，當把手轉動至關閉位置時，連動桿上下端的頂塊就會同步凸出，並與窗樘上的止風塊、止水塊緊密接合，達到提升氣密與水密的效果；因此在窗

217

扇套入窗樘後，須檢查連動桿頂塊的作動情形，與頂塊是否有太過凸出，或凸出不足的狀況。

調整 ❷ 如果連動桿頂塊太凸出，就會使窗樘鋁料受到過度擠迫而變形，尤其是乾式工法的包框料，更須留意連動桿頂塊的凸出高度，因為窗樘與包框料中並無水泥嵌縫填實，頂塊過於凸出，會造成窗樘鋁材凹陷；而頂塊凸出不足，則不具密合效果。

調整 ❸ 可藉由調整頂塊的升降螺絲，來改善頂塊凸出量過與不及的情形。

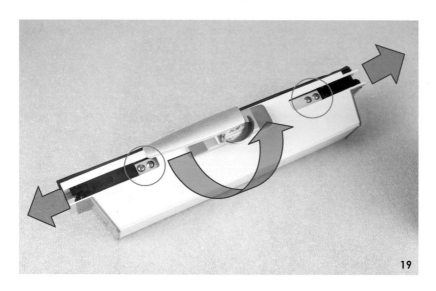

19

19 —— 橫拉窗的連動桿是與把手同時作動，把手轉動到關閉位置時，兩端的頂塊就會凸出來，頂住窗樘上的止風塊與止水塊；而頂塊凸出量，則可藉由鬆脫固定螺絲（藍圈處）進行調整；調整完畢後，應將固定螺絲重新緊定。（圖片提供：亞樂美精品氣密窗）

橫拉窗大、小鉤（把手鎖舌與扣鎖）緊迫度調整

調整 ❶　橫拉窗的把手除具有關閉窗扇的功能外，也有提升窗扇密合度的效用；當窗扇完成套裝後，應檢查把手的操作順暢性及窗扇密合狀況。

調整 ❷　如果把手轉動時，會有卡卡、過度摩擦，輕拍窗扇會有晃動的情形，可藉由把手位置或受扣片（小鉤）位置的調整，來改善把手操作的順暢度與窗扇的緊迫度。但要特別提醒，並非所有產品的把手及受扣片都具有可以調整的功能。

20
把手螺絲位在底座上下端（黃圈標示處），只要將封蓋翹起就能看見螺絲，螺絲放鬆後即可進行把手位置的微調；而受扣片螺絲（紅圈標示處）放鬆後，亦可進行受扣片位置微調。
（圖片提供：左大鉤）

膠條密度檢查

調整 ❶　鋁窗膠條易於搬運或安裝的過程中受到不當拉扯，而發生膠條脫落、下垂或破損的狀況，因此，當窗扇在套裝完成後，應即檢查膠條是否固定良好、有無變形或沾黏泥沙、異物等情形。

調整 ❷ 窗扇套入窗樘後，如有拉動過緊的情形，膠條就容易因為過度摩擦而破裂，應以適合之中性潤滑劑對膠條進行清潔與潤滑，以改善膠條乾澀與髒汙問題。

調整 ❸ 如膠條清潔潤滑後仍有拉動困難現象，則應評估是否更新膠條，或是檢查鋁框是否出現變形問題。

21 —— 鋁窗膠條容易受到案場粉塵的汙染，出現乾澀或貼黏在鋁框上的情形，而增加窗扇拉動時的摩擦力。
（圖片提供：左大鈞）

5-4 驗收 10 要點

● ● ● ● ● ● ●

　　鋁窗在安裝過程中，或安裝完成後，業主均可利用「目視檢驗」與「操作檢驗」對新安裝的鋁窗及相關工程進行檢驗，以即時發現問題，並適時採取適當的處置作為。

目視檢驗

　　「目視檢驗」，主要是針對鋁窗的塗裝、尺寸規格、外觀與接合面的密合性來進行查驗；首先，鋁窗塗裝的檢驗重點，在於確認顏色是否與合約相符，色澤是否均勻無色差，無明顯刮痕。

　　但由於窗樘在完成嵌縫前，均有包裝材裹覆著，所以較難在接收的當下立即進行塗裝檢查；因此，窗樘在進場前，應先行檢查包裝材是否完整或有明顯被劃破的情形，方能確保包裝材內的鋁材沒有太嚴重的瑕疵，避免安裝後才發現問題。

　　而尺寸的檢驗，也最好在立框前先行確認，以免發生窗扇與窗樘無法匹配的問題；而外觀的檢驗重點，則在於確認鋁材有無碰傷凹陷，配件有無短少，窗扇與窗樘是否安裝端正無歪斜；至於密合性的檢驗，就是在確認橫、立料的接合面是否平整無明顯隙縫，而窗扇在關閉時有無見光的情形。

操作檢驗

在「操作檢驗」的部分，則包含有開啟性能的檢查與閉鎖性能的檢查；開啟性能的檢查重點有：把手的作動是否良好、窗扇在推動或拉動時是否順暢、各項配件的操作是否正常；而閉鎖性能的檢查重點則有：窗扇在關閉時，有無內逼並向窗樘緊靠的效果，當窗扇關閉後，輕搖窗扇是否會出現明顯的晃動情形，或是有物件碰撞的聲響。

而針對嵌縫、打水路、玻璃安裝等工項的檢查重點，則為：嵌縫是否與窗樘密合良好、打水路的矽利康是否厚實且充分覆蓋住窗樘與嵌縫的接合面、玻璃矽利康或膠條是否填打或填塞確實。

上述工程均建議消費者能在施工階段就先做好把關，否則等到嵌縫完成且水泥都乾了後才發現問題，就必須敲除泥作進行修改，容易造成窗體結構或表面塗裝受到損傷，而嵌縫接合面經過多次敲除，也容易使牆面出現裂痕增加漏水風險。

  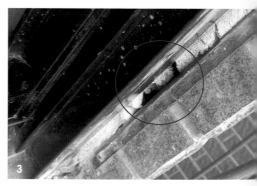

1 —— 目視檢驗時，如果發現窗樘與窗扇間有見光的問題，就表示鋁窗的氣密、水密與隔音的效能會有不良狀況。（圖片提供：左大鈞）

2 —— 把手緊閉後，輕搖窗扇如有出現顯著的晃動或物件碰撞的聲響，就表示窗扇需要重新調整。（圖片提供：左大鈞）

3 —— 嵌縫填漿如果不夠密實，未來就容易成為滲水的路徑，一旦雨水滲入到牆面內側，室內就可能出現漏水與壁癌等問題。（圖片提供：左大鈞）

NOTES：
輕鬆掌握十要點，鋁窗品質沒風險

　　鋁窗到底裝設的好不好，或是目前家中使用的窗戶到底有沒有問題，其實可以透過下列「好窗十要」的簡單口訣，就能輕鬆把上面所談到「目視檢驗」與「操作檢驗」一併含括：

✚ 第一要：
將拉窗窗扇稍加開啟，其與窗樘間的縫寬要上下「一」致。

「好窗十要」的第一要，是要教大家如何判斷窗扇的水平與垂直線是否良好，如果窗扇套裝歪斜，窗扇與窗樘間的縫隙（如圖所標示）就會有上下不等寬的情形，這樣是會影響到鋁窗的密合度。（圖片提供：左大鈞）

✚ 第二要：
窗扇的「二」個對角線要等長，才不會有窗扇不正的問題。

「好窗十要」的第二要，是要教大家如何確認窗扇在玻璃套裝後，仍維持有 90 度準直角；如果窗扇準直角出現偏差，兩條對角線（如圖所標示的黃線）就不會等長，與窗樘間的密合度就可能會出現問題。（圖片提供：左大鈞）

✚ 第三要：
窗樘的水平、垂直與進出面「三」個基準線要端正無歪斜。

「好窗十要」的第三要，是要教大家確認窗樘的三個基準線（如圖所示）要端正，否則就會出現窗體歪斜或有傾角的情形。（圖片提供：左大鈞）

✚ 第四要：
窗扇關閉時，與窗樘接合的「四」個邊角，要能緊密貼合。

「好窗十要」的第四要，是要告訴大家一樘鋁窗氣密性較差的地方，通常是位在窗扇與窗樘貼合的四個角隅上（如圖所示），如果四個邊角有密合不良、見光等情形，就容易發生漏風、滲水、竄音及口哨聲等問題。（圖片提供：左大鈞）

✚ 第五要：
要有良好水密、氣密、抗風壓、隔音、隔熱「五」項效能。

「好窗十要」的第五要，是要大家瞭解一樘好的鋁窗所需符合的性能規範有哪些；而能掌握鋁窗的性能標準，就可以知道鋁窗的性能表現究竟如何了。（圖片提供：左大鈞）

✚ 第六要：

鋁窗配件，操作要順溜（六），不會有卡
卡或作動不良情形。

「好窗十要」的第六要，是讓大家瞭解，
五金配件的重要性，好的配件能讓鋁窗的
操作更便利，在使用上也更加安全，對鋁
窗的價值能發揮畫龍點睛的效用。（圖片提供:
左大鈞）

✚ 第七要：

鋁窗的漆（七）面要均勻一致，色澤良
好，無明顯刮傷、無色差。

「好窗十要」的第七要，是提醒大家塗裝
對於鋁窗美觀性的重要，如果鋁窗塗裝有
問題，除了會影響室內裝修風格的呈現外，
塗裝處理作業不良未來也容易導致鋁材出
現氧化腐蝕的問題。（圖片提供：左大鈞）

✚ 第八要：

把（八）手關閉後，輕拍窗扇，窗體要穩
固不會有晃動情形。

「好窗十要」的第八要，是要提醒大家鋁
窗必須要有穩固的結構強度，而藉由簡單
的檢查方式，就能瞭解窗扇關閉並在承受
風壓時，會不會有窗扇晃動，而出現喀、
喀作響及漏風與滲水的問題。（圖片提供:左
大鈞）

✚ 第九要：
輥輪、連桿、後鈕等承載重量裝置，要能耐久（九）不變形。

 「好窗十要」的第九要，是要提醒大家，窗扇都有著一定的重量，如果用以支撐窗扇重量的配件強度與耐用性不足，就會影響窗扇開啟時的順暢度、安全性及水氣密等性能。（圖片提供：左大鈞）

✚ 第十要：
膠條要緊實（十）且彈性良好，無鬆脫、破裂與硬化等問題。

 膠條是決定鋁窗水密、氣密與隔音表現的靈魂；「好窗十要」的第十要，就是要提醒大家，應確實檢驗鋁窗膠條的完整性與牢固度，才能確保鋁窗的各項性能可以維持應有的水準。（圖片提供：左大鈞）

5-5 完工清潔與維護

不論新建或翻修工程，案場環境的揚塵量都會特別嚴重，因此鋁窗在受到髒汙，且在久未清潔與保養的狀況下，五金配件與膠條就容易受到沙泥包覆，而出現機構過緊或開啟不順的問題。所以，業主在搬入新居前，應特別針對鋁窗進行清潔與潤滑，如此才能確保性能無虞，並能延長五金配件的使用壽命。

進行清潔作業時，除應針對框體表面或玻璃做擦拭外，更應將窗槽內的灰沙確實清潔，並對把手、連動桿等制動機構妥善的潤滑保養，否則負責窗扇啟閉功能的把手、各種制動機構、輥輪與膠條縫隙就容易卡有灰沙或細小石礫，除會造成配件使用壽命縮短及操作不順暢外，窗扇關閉時也會有膠條密合不全，或膠條被石礫稜角刮破等問題；此外，窗體、窗槽確實清潔，也能避免塗裝受到酸性物質的沉積而褪色，排水孔也不易出現堵塞。

1 —— 有時裝修工程的時間較長，鋁窗
受到案場揚塵與雨勢的影響就
會比較嚴重，且鋁框在久未使用
與清潔的狀況下，配件與膠條也
容易受到沙泥包覆與沾黏，而出
現機構過緊或開啟不順的問題。
（圖片提供：左大鈞）

如果，室內裝修作業僅有鋁窗單一工項，則鋁窗與玻璃的清潔時機，建議等到水路、玻璃矽利康都完全硬化後，再行處理；因為矽利康未完全硬化就打掃，將使揚塵沾黏在矽利康表面上，造成無法清理的汙點；此外，矽利康未硬化就進行鋁窗及玻璃的擦拭與清潔，也容易使抹布、清潔用品、手指不慎碰觸到矽利康，造成矽利康變形與凹陷，影響美觀。

2—— 鋁窗完成安裝後，應將窗槽清潔乾淨，否則制動機構與膠條就容易卡有砂石，導致窗扇密合不全。（圖片提供：左大鈞）

NOTES：
鋁窗清潔與維護的細節

有關鋁窗清潔與維護所應注意的事項，還有：

- 當進行鋁窗高處（如：氣窗溝槽）的清潔作業時，作業人員切勿踩踏於鋁材結構上，或是將梯子架靠在鋁框上，以避免重力施壓而損壞了鋁材表面，甚而造成鋁框變形。

- 為避免其他還在進行中的裝修工班因進出頻繁，不慎壓壞落地窗的下橫料而導致輪軌變形，建議落地式窗型的下橫料應加裝防護蓋板或以泡棉作為保護。

- 框體如為矽利康所沾汙時，建議可使用相容之溶劑進行擦拭，或等到矽利康完全硬化後再以撕除的方式處理，以免擴大髒汙範圍。

- 框體被水泥砂漿、外牆防水塗料、粉刷塗料所髒汙時，應在未乾硬之前以清水沖洗或濕布拭除，否則偏酸性的砂漿與塗料容易侵蝕塗裝外，一旦硬化後也較難清除。

- 如框體所沾染的是油脂類污物，則建議以中性皂水予以洗滌去除。

- 窗體、五金配件與膠條最好以清水或中性潤滑劑來作清潔，以免塗裝受損、膠條出現硬化或加速老化。

腳踏鋁框借力，容易損傷鋁框而導致窗體出現變形（左圖）；落地式窗型的下橫料，應加裝防護蓋板（右圖），以避免人員或推車因進出頻繁而踩踏損傷。（圖片提供：左大鈞）

5-6 鋁窗工程與其他工項的配合銜接

　　在室內裝修的案場中，可能包括許多不同的工程項目，如果施工次第不對，就會發生相互干擾、搶用工作空間、作業介面無法銜接等問題，狀況輕者，可能只是工程效率不彰、施工品質不良、工期延宕而已，但狀況重者，可能會肇生工班間的衝突，或因案場動線凌亂而導致人員受傷、物件與工具受損。

　　以鋁窗工程為例，有關的銜接工項，包含有：泥作、防水、壁地磚、木作、粉刷、安全鐵網（或鐵窗）等，如果其中還需要配合各種管線的架設時，可能又和水電、空調、廚具（含瓦斯進氣管、抽油煙機排氣管、瓦斯熱水器強制排煙管、乾衣機排風管）等工項有關；因此，工班間的配合就更顯重要。

NOTES：
鋁窗安裝與各工項的配合及作業順序：

有關工項	配合關係	作業順序
泥作工程	+ 如為翻修案場，舊窗拆除有時也會委請泥作人員負責拆除。 + 舊窗拆除後，結構體所留的開口大小須符合鋁窗的安裝需求，如果開口太大，則後續不易嵌縫，如果開口太小，則新窗無法進行立框。 + 鋁窗濕式工法立框後的嵌縫作業。	1. 由泥作或相關工班拆除舊窗後，鋁窗人員進行立框作業。 2. 立框完成後，由泥作人員進行窗樘與結構牆間隙的砂漿填縫（嵌縫作業）。
防水工程	+ 外牆防水工程與鋁窗工程均關係著房屋以後會不會出現漏水的問題。 + 鋁窗與牆體接合處，為不同材料介面，易受地震、日曬、風壓影響，而出現細微裂縫，因此外牆防水層做得好，再搭配門窗工程的打水路作業，才有助提升外牆防水效能。	1. 待嵌縫的水泥砂漿乾燥後，由防水人員在室外側的嵌縫面上，塗刷彈性防水漆。 2. 防水漆乾燥後，進行試水作業。 3. 試水沒問題後，外牆如無須進行貼磚、粉刷，即可由鋁窗人員實施拆紙與打水路作業。
壁地磚工程	+ 外牆壁磚完成後，才可進行鋁窗拆紙及打水路。 + 地面工程應先標示出地板完成面的實際位置，落地窗（門）在安裝時，才能確知水平基準線的放樣高度，才不致發生門檻過高或埋入地板完成面過深的問題。	1. 待外牆、陽台、浴室等地方的試水檢驗沒問題後，即由泥作人員進行室外、浴廁、廚房貼磚或粉光作業。 2. 外牆、貼磚工程完成後，由鋁窗人員進行窗樘的拆紙、打水路與窗扇、玻璃套裝作業。
系統家具木作工程	+ 系統家具、木作工程進場前，鋁窗即應完成安裝作業，以免風沙過大影響木作、天花板、輕隔間等施工作業，或因雨水潑入室內，而損傷木料物件。 + 木料、板材在裁鋸時，會產生木屑粉塵，因此不適合進行任何與矽利康有關的作業（如：打水路、玻璃填打矽利康等），以免粉塵沾黏在未乾的矽利康表面，而影響到美觀。	鋁窗安裝完成，且水路、玻璃矽利康都確定乾燥後，系統家具、木作工程即可進場。

有關工項	配合關係	作業順序
粉刷噴漆工程	+ 乾式施工時，室內側的窗樘與窗台接合處，均會填打矽利康；因此粉刷、噴漆作業如有特別的上漆需求，應先提早告知鋁窗人員，預先準備水性矽利康，以利後續漆料的附著。 + 粉刷、噴漆作業前通常會進行粉光面的細磨作業，因此會產生大量的粉塵，所以在進行磨砂與噴漆時，應確實作好鋁窗、玻璃的防塵作業。	粉刷或噴漆工程通常安排在鋁窗、泥作、水電配線、木作、天花板、隔間等工程完成後進場。
廚具工程	如果廚房有規畫裝設鋁窗，應先確認流理台、抽油煙機的高度，並於現地將完成面標示清楚，以免鋁窗立框位置或高度出現錯誤，而影響到流理台、抽油煙機安裝。	鋁窗、廚房壁磚、地磚、水電管路、照明等工程完成後，即可安排廚具系統進場安裝。
安全鐵網（或鐵窗）	+ 有些業主基於家中幼童的安全防護需要，會在陽台女兒牆上或是窗台開口處加裝安全鐵網（又稱隱形鐵網），然而，安全鐵網在加裝時，應與鋁窗保持適當的距離（依窗扇厚度而定），以確保外拆式的橫拉窗在卸下紗窗、窗扇時，能有足夠的挪移空間。 + 由於推開窗的窗扇是向室外側方向開啟，因此窗外不適合再加裝安全鐵網，以免阻礙窗扇開啟，影響通風。	安全鐵網應於鋁窗安裝後，再行裝設；如果安全鐵網裝設後再安裝鋁窗，則室外側水路施打時，矽利康槍就會受到鐵網的阻礙，而影響到填打作業。
排氣管	後陽台如有加窗需要，應先確認瓦斯進氣管、抽油煙機排氣管、熱水器強制排氣管、乾衣機排風管的架設位置，以利進行適切的窗型規畫，並預作玻璃洗孔加工。	後陽台鋁窗在各式設備進場前安裝，或進場後安裝均可；但如果鋁窗能先行進場，則後陽台的作業空間較大，也能避免鋁窗安裝過程中碰傷設備。

有關工項	配合關係	作業順序
空調	如果分離式主機需要外掛在室外牆上，或是裝設在窗外露台上，鋁窗規畫時，就必須考量冷氣主機後續維修、更換的便利性；此外，冷氣管線是否須從窗樘或玻璃穿越，也影響到鋁窗窗型的設計及玻璃是否需要事先洗孔加工。	建議冷氣主機的固定架與主機都需要事先架好，管線最好也能先行配接，然後鋁窗再行進場立框施工。
補充說明	由於每個案場的施工特性與工班調度各有不同，因此本表所列的工項內容與執行次第，也會因為實際狀況的差異，而略有調整。	

雨天時，到底可不可以進行鋁窗的安裝施工

許多業主會有相同質疑：為什麼鋁窗師傅在下雨時都不出工，導致裝修進度受到拖延。到底下雨的天候適不適合進行鋁窗的安裝作業呢？我們就從安全顧慮與施工質品質方面來做說明：

在安全顧慮方面：

● 立框所使用的電氣設備 (如：電鎬、電鑽、電起子、電銲機、電鋸等設備) 受到雨淋容易會有損壞或漏電的風險。

● 牆面、窗台、梯架、鋁框、窗扇、玻璃也容易會有濕滑的情形，因此在立框、玻璃安裝的過程中，作業人員就可能會在攀梯、身體外探或是在採光罩上移動時，發生摔跌或墜落的危險。

● 物件表面濕滑，同樣也會有鬆滑的問題，因此窗框、玻璃、工具如果不慎發生滑脫，就可能會造成物料損壞，並有砸傷路面行人與車輛，或是毀損較低樓層的採光罩與結構體的危害。

在施工品質方面：

● 固定窗、推開窗的室外側玻璃面及打水路，都會使用到矽利康，而在矽利康的施打面上如有雨水及泥沙，就會降低附著性，日後就容易出現脫落的情形，並影響到水密、氣密及隔音效果。

● 尚未乾燥的矽利康如果遇到雨勢太大，表層就可能會留有雨點狀的不平整凹痕，除影響到矽利康的美觀性外，原本黏稠的矽利康也會因為雨水的沖刷而流失，並導致防水性失效。

- 被沖刷掉的矽利康與矽油，容易附著泥沙並殘留在外牆磚面上，而出現不易清除的黑漬、髒汙等情形。

- 立框作業會涉及在窗台與女兒牆上鑽釘，如天候有雨，雨水就容易沿著鑽孔處滲流到牆壁內部，鑽孔如有積水，壁釘或螺絲在固鎖時，就容易會有鬆滑、不牢的情形，而影響到壁釘或螺絲的緊固度。

- 雨水如果流入到鑽孔內部，會造成壁體內含水且潮濕，在天候轉晴時，壁內的水氣就會膨脹並蒸發，而導致壁體內部出現細微裂縫，這些裂縫就容易因為地震、風壓等外力而愈益嚴重，成為牆面滲水、壁癌的主要原因。

要特別提醒，通常下雨過後，也不適合立即進行水路的施打，因為雨後的牆面可能還吸附有一些水氣，如果未等到牆面完全乾燥即進行矽利康施打，壁面水氣蒸發時，就容易使矽利康出現鬆脫或黏合不完全的狀況。基本上，下雨是否適合施工，仍需視案場受雨情形、安裝位置是否位在室內、是否有雨遮等條件進行評估。

左圖：在鋁窗的安裝過程中，可能會使用到許多不同的電器設備，如果鋁窗安裝的位置受雨且無適當的遮阻，就容易有漏電或設備損壞的風險，且雨水也容易從鑽孔處滲入牆壁內側，而衍生其他問題。(圖片提供：左大鈞)

右圖：玻璃及水路的矽利康在施打時，應確認施打面乾燥無潮濕，否則容易影響矽利康的黏合性；而雨天施打矽利康，也可能會使矽利康表層出現不平整凹痕，影響矽利康的美觀性。(圖片提供：左大鈞)

Chapter 6

解決窗的疑難雜症
—— 你也可以動手補救

近年氣候變化加劇，面對颱風、暴雨、反潮、地震、劇烈的高低溫變化，本篇教你DIY檢修鋁門窗，不讓自家變成淹水戶！甚至還可以運用燕尾夾降低玻璃爆破範圍、聽診器找出漏氣縫隙、一條橡皮筋加強氣密性，小技巧讓家中既有的窗戶再升級！（圖片提供:a space..design／陳焱騰）

1Q 如何做好颱風漏水的預防動作？

A 每年因颱風狂襲，出現各種窗戶漏水的受災戶，如果你家的舊鋁窗來不及更換，以下就要分享給大家簡單的防颱動作，減少颱風帶來的災害。

一、自黏式發泡膠條的運用：

首先檢查先前曾發生過漏水的位置，如果窗扇關閉時有見光或透風的情形，而鋁框內側的膠條也出現有破損、硬化或變形，表示窗戶的水密、氣密已出現問題，可以使用自黏式的發泡膠條，黏貼於窗扇與窗樘間的接合縫處進行補強。

1 —— 窗扇與窗樘間的接合縫如有見光、透風、噴水狀況，可購買發泡式膠帶黏貼於接合縫上，增加密合度、防止漏水。

黏貼時，應先將窗扇關閉，並使發泡膠帶儘量貼靠在接合縫邊，才不會留有縫隙，或被窗扇壓到而導致漏風、漏雨情形變得更嚴重。（圖片提供：左大鈞）

二、矽利康補強：

高溫天候容易影響矽利康的黏合性，如果矽利康材質不佳或填打太薄，容易在使用一段時間後剝落，使鋁框與外牆泥作間的打水路、鋁材與鋁材間的接合面、或玻璃與鋁框間的接合面出現漏風滲水；因此，矽利康一定要定期檢查，如發現有剝落、鬆脫，須以中性矽利康進行修補，避免使用酸性矽利康，以防鋁窗塗裝受到酸化破壞。

2 —— 如果矽利康材質不良、填打不確實，就容易受到溫度、酸雨、紫外線的影響而出現鬆脫；颱風來前，必須針對矽利康的黏合狀況進行檢查與加強。

矽利康加強時，應先清除表面灰塵，並將鬆動的舊矽利康確實割除，且施打面已無潮濕後再作填補，以確保矽利康能有良好的附著效果。（圖片提供：左大鈞）

三、窗扇垂直準度的檢查：

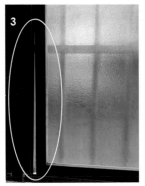

窗扇的垂直準度如果偏了，就表示窗扇出現歪斜，鋁框與窗樘內側的膠條就無法緊密貼合，一旦颱風來襲時，雨水就會從密合不良的位置滲入室內；因此當我們將窗扇拉近窗樘框邊，發現有寬度上下不一情形（如圖），即可藉由調整輥輪的升降螺絲，讓窗扇一側升高或一側降低的方法來作改善；惟款式較為老舊的窗型，可能並未具備輥輪高低調整功能，就無法利用此方式改善窗扇歪斜的問題。

3 —— 將窗扇拉近窗樘邊，如果窗扇與窗樘間的寬度上下不等寬，表示可能有閉合不完全的情形。（圖片提供：左大鈞）

4 —— 使用十字起子調整輥輪高度（調整螺絲通常在窗扇立料最下方孔塞內）；順時針轉動可抬升窗扇，逆時針轉動則可調降窗扇。（圖片提供：左大鈞）

四、輥輪升降度的縫隙調整：

上述的輥輪調整除可改善窗扇與窗樘間的密合度外，我們也可以利用輥輪升降，來調降窗扇下支橫料與窗樘輪軌之間的隙縫，因為隙縫如果過大，颱風雨水就容易蓄積在軌槽間，並在瞬間大風壓導致窗扇出現撓曲時溢入室內。

要特別提醒，窗扇下緣的隙縫在調整時，窗扇導槽口與窗樘輪軌應保持最少 2mm 的距離，如果隙縫過小就容易有窗扇拉動困難、輪軌塗裝刮傷、膠條磨損、配件損壞、發出異音等問題。

另外，輥輪調降會改變窗扇的上橫料在窗樘內的吃深，如果吃深原已有過淺的情況，即不建議進行此項調整，以免窗扇在強風中脫落。

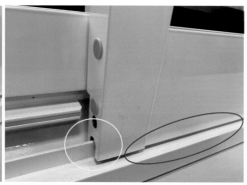

5 —— 窗扇下支橫料與窗樘輪軌間的隙縫（左圖）也是雨水滲入室內的路徑之一，當風勢愈大，撓曲現象愈顯著時，滲水狀況就會更加嚴重；藉由兩側輥輪調整螺絲，將窗扇高度略作調降，就能縮小這個隙縫寬度（右圖）；窗扇調降時，窗扇導槽口及窗樘輪軌間的距離應至少有 2mm（黃圈標示），以避免磨擦刮傷輪軌。（圖片提供：左大鈞）

五、橫拉窗把手的緊密度調整：

鋁窗把手除了關閉窗扇，還具有緊迫窗扇與窗樘的效果，可以讓窗扇與窗樘膠條緊緊的密合，但把手經過長時間使用，或是窗框已經變形，都可能使把手在關閉時的緊迫度變差，進而使水密效果也變差；因此，當轉動把手，窗扇卻沒有明顯的緊迫效果時，即可將把手或受扣片的螺絲卸鬆，再藉由位置的微調來改善緊迫度。

6 —— 將把手或受扣片的固定螺絲卸鬆，就可以微調把手及受扣片的位置，即能利用把手與受扣片的相互頂迫，提升窗扇與窗樘間的密合效果。（圖片提供：左大鈞）

NOTES：
把手有無緊迫的檢驗方法與強化祕技

在轉動把手關閉窗扇前，先將手指指腹置於窗扇與窗樘間的接合縫，如果指腹可以在轉動把手的同時，感受到接合縫有出現夾迫的感覺，那就表示把手還具有緊迫的效果。此外，窗扇關閉時應該是緊實不會晃動的，我們也可在扣上把手時輕推窗扇，檢視是否有鬆動的情形。

如果家中橫拉窗把手的款式較為老舊，或是大家覺得調整把手或受扣片的方法很麻煩，更簡單的方法，是將較粗的橡皮筋或適當寬度的束線帶，纏繞在受扣片的鉤舌上，作為墊材，這樣窗扇在關閉時，能因為扣舌受到壓迫而達到向兩側緊迫的密合效果。

a —— 將指腹按壓在窗扇與窗樘的接合縫上，再關起把手，看看指腹是否會感覺到擠迫的效果，如果感覺有擠迫，則窗扇關閉時的密合性也會好一些。（圖片提供：左大鈞）

b —— 將橡皮筋纏繞在受扣片的鉤舌上（左圖），可以增加把手扣舌在關閉時的緊迫度，進而迫使窗扇因為反作用力而向兩側推擠，達到提高密度的效果（右圖）；建議使用較粗的橡皮筋，否則容易斷裂。（圖片提供：左大鈞）

六、檢查止風塊是否緊定：

位在橫拉式窗樘上方橫料的室內側溝槽內（把手正上方），有個用來提升窗扇疊合處密合效果的止風塊（較老舊的窗型並無此項配件），如果止風塊的固定螺絲沒有確實緊定，就會隨著窗扇的拉動，而被拉離出原應固定的位置，在風大雨大時，導致氣密不良與滲水問題的發生。因此，我們應巡檢止風塊是否有位移的情形，如果止風塊已不在窗扇間的疊合處，則應予重新推入至正確位置，並將固定螺絲確實緊鎖。

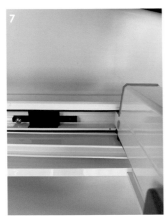

7 —— 如果止風塊未在正確位置（左圖），可以手指將其推入窗扇頂端，直至無法推動時，再將螺絲緊固（中圖），即可完成止風塊的緊定（右圖）。（圖片提供：左大鈞）

七、善用阻絕材料：

窗扇接合處可先以寬板膠帶、抹布、黏土或已剪對半的軟式排水管，預先阻隔或鋪設在可能會漏水的地方（如圖所示），並備妥黏土與抹布，在出現滲水時迅速使用。

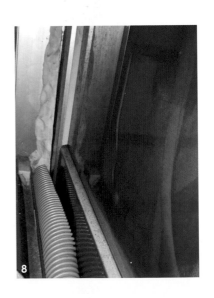

8 —— 依據以往經驗，將剪成對半的排水軟管及可塑性較高的黏土，預先鋪設或填塞在可能漏水的位置，就能降低漏水的嚴重性。（圖片提供：左大鈞）

八、疏通窗框上的排水孔：

橫拉窗的輪軌與輪軌間的溝槽，容易在下雨時形成積水，因此排水孔的設計，就是讓蓄積在溝槽中的雨水可以順利洩排，以免瞬間風壓過大，積水會在窗扇出現撓曲而密合性變差時，隨風壓溢入室內；因此颱風來襲前，應確實巡檢窗槽排水孔，清除泥沙、落葉。

9 ── 颱風來襲前，應確實清理窗槽排水孔，使其沒有堵塞，以免風雨來襲時，積水溢入室內。
（圖片提供：左大鈞）

九、陽台積水溢入室內：

陽台的排水孔要清理疏通，以避免發生積水，從落地窗下緣滲入室內。此外，強降雨時，許多舊公寓的排水管會因為太細或阻塞，無法即時洩水，使得低樓層的住戶容易發生倒排狀況（如同下水道排水不及而將人孔蓋沖起的景象一樣）；因此，在有積水顧慮的陽台牆面上預留一個獨立的排水孔與排水管，也是避免陽台成為水池、積水又從落地窗滲入室內的解決方式。

20Q 哪些情況下，玻璃可能會發生破裂？

A　造成玻璃破裂的兩個主要物理特性：一是受到壓迫或撞擊的力道超過了玻璃所能負荷的臨界，此為硬度問題，二是因為外力所造成的彎曲已超過玻璃可以承受，此為強度問題。颱風來襲時導致玻璃破裂的情況，有以下幾種可能：

❶ 當風壓強勁時，玻璃的撓曲量超過了本身可以負荷的臨界強度，出現破裂或自爆。

❷ 玻璃受到外物撞擊，導致玻璃破裂。

❸ 玻璃安裝在鋁窗溝槽時，如果沒有足夠的吃深，在大風壓下，整片玻璃從溝槽中脫落而破碎。

10 —— 2018 年 9 月 17 日山竹颱風侵襲香港，許多高樓玻璃因無法承受劇烈的風壓而發生破裂，由上圖玻璃破裂後，窗框四邊仍殘存有玻璃殘骸的狀況可窺知，玻璃因撓曲過大，且超出了自身可以負荷的強度，因此從玻璃的中心位置向室內爆裂。

❹ 鋁窗在套裝玻璃時，玻璃的邊角與靠近室內面的鋁框沒有預留適當的間隙，玻璃承受風壓而往室內面彎曲時，擠迫到室內側的鋁框，玻璃從最脆弱的邊角發生破裂。

❺ 推開窗與固定窗多是使用壓條來固定，如果壓條未妥善安裝，就容易出現鬆動，玻璃從鋁窗溝槽中脫落、碎裂。

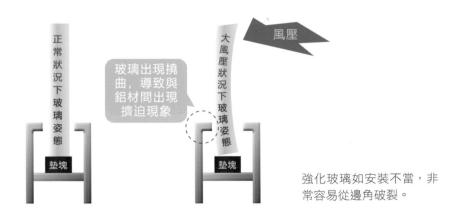

正常狀況下玻璃姿態

玻璃出現撓曲，導致與鋁材間出現擠迫現象

大風壓狀況下玻璃姿態

風壓

墊塊

墊塊

強化玻璃如安裝不當，非常容易從邊角破裂。

3Q

鋁窗玻璃強度與安全的方法？

有沒有改善

A 颱風來襲，肉眼就能看見玻璃出現明顯的撓曲，或是會聽見鋁框壓條發出喀、喀的聲響時，都是玻璃可能發生破裂的前兆；要提升玻璃安全性，除了提升玻璃強度外，也可從結構性問題著手，建議如下：

❶ 可依鋁窗玻璃溝槽的寬度狀況，評估更換較厚的強化玻璃或膠合玻璃。

❷ 如玻璃溝槽較窄，已無法更換玻璃時，可評估是否以乾式包框工法做鋁窗與玻璃的更換，或是在室外側再加一層可採用膠合強化玻璃的外窗（雙層窗），以避免原來較薄的玻璃直接承受風壓。

❸ 在原來的玻璃上黏貼可增加安全性的防爆貼膜。

❹ 按壓玻璃壓條，查看是否有鬆動或變形的情形，如有鬆動可使用矽利康或自攻螺絲固定；如有變形，則應洽請鋁窗製造商或安裝包商協助更換。

❺ 如玻璃上的矽利康有鬆脫的情形，應以矽利康強化，並確保矽利康打填有足夠吃深，而非是表層上的塗抹。

11 —— 室外側加窗，可避免原本較薄的玻璃直接承受風壓外，對隔音的提升也很有幫助。（圖片提供：左大鈞）

4Q

玻璃貼封箱膠帶有效嗎？

A 許多人在颱風來襲前會在玻璃的表面貼上棕色布紋膠帶，以期望能夠提高玻璃的強度，但效果真的有限。

布紋膠帶為 PVC 材質，有不錯的延展性，因此當玻璃出現撓曲時，膠帶會因延展性而無法提供有效的支撐與固定力來抵抗玻璃所受的應力，故而對玻璃抗拉強度的提升，幫助並不算大；此外，通常布紋膠帶的貼覆範圍也只是玻璃的局部面積，並無法及於整片玻璃，假如玻璃的表面髒汙，更會影響布紋膠帶的黏合力，當玻璃無法承受風壓而發生破裂，或被飛襲物件撞擊時，還是會因強風的助勢，出現碎片飛濺四散的狀況。

一、厚窗簾 + 燕尾夾

家中窗戶若是面積過大，且採用較薄、強度不足的玻璃時，建議應加裝質地較厚的窗簾，並在颱風侵襲時將窗簾放下，再以大型燕尾夾將窗簾的開合面夾緊，如此較能阻擋玻璃爆裂瞬間所產生的碎玻璃衝擊。

二、標準布紋膠帶貼法

如果仍想要以布紋膠帶來增加玻璃的抗風壓強度時，建議布紋膠帶應選擇寬板、較厚、黏合性較佳且不易有殘膠顧慮的材質，黏貼前應先將玻璃擦拭乾淨。

❶ 玻璃形狀如偏正方形，則玻璃中心點是形變最顯著的位置，所以膠帶黏貼方式以交叉或「米」字形覆蓋玻璃中心點的抗撓曲效果較佳。

❷ 玻璃形狀屬狹長形時，因其撓曲現象較顯著的位置是落在長邊的中腰帶上，因此以「口」字形沿玻璃邊緣黏貼的抗撓曲效果較佳。

另外膠帶的頭、尾端應該能夠黏貼於窗框上，這樣膠帶才能有較好的抓附性，而不會在玻璃破裂時，直接隨著碎片被強風吹落。

如玻璃形狀偏正方形，則黏貼方式以交叉或「米」字形覆蓋玻璃中心點為佳（圖左）。

如果玻璃形狀屬狹長形時，因其撓曲現象較顯著的位置是落在長邊的中腰帶上，因此以「口」字形沿玻璃邊緣黏貼效果較佳（圖右）。

5Q 用橫桿頂住玻璃有效嗎？

A 當強大的風壓吹襲在玻璃上，會使玻璃整個面體幾乎同時受力，並出現撓曲現象，而這個彎曲的變形，會讓靠近室外側的玻璃面因為面體的內凹，而處在受擠壓的狀態，相反的，室內側的玻璃面則會因為面體的外凸，而處在一個被拉伸的狀態，一旦擠壓或拉伸的應力大於玻璃可以承受的強度，玻璃就會發生破裂。

因此，我們若以橫桿來撐住或頂住玻璃，在某種程度上，的確可以抑制玻璃的撓曲，而降低玻璃的破裂風險；但別忘了，由於玻璃所受的風壓是所謂的均布負荷受力（整片玻璃幾乎同時受力），而以橫桿撐住玻璃，將使得原本在玻璃面上的總體受力，全部集中到這個面積相對較小的接觸面，在總體受力不變的條件下，橫桿與玻璃的

接觸面愈小，集中應力勢必愈大，這就像是單腳站立會比雙腳站立還要累的狀況相同，受力面積變小，所承擔的重量就會變大。

也就是說，支撐玻璃的橫桿太細、支撐點太小，接觸面上的集中受力就會變得極大，假使橫桿太軟，就會跟玻璃一起變形，失去效用；如果橫桿太硬或缺乏彈性，則會讓玻璃在承受室外風壓的同時，還必須多承受一個來自橫桿接觸面的擠壓力道，這樣的前後夾擊，在超過玻璃所能承受的臨界負荷時，同樣會發生破裂。

所以要以橫桿或其他物件撐住出現撓曲的玻璃時，支撐物就必須要有一定的強度與彈性，如此才能有效緩衝玻璃的形變，而玻璃與橫桿的貼附面積也不宜太小，這樣才有助受力的分散；另外，支撐物與玻璃的接觸面也必須能平整的貼附，並避免有尖銳角或其他不規則凸物，以防受力過於集中在細小的接觸面上，肇致玻璃受力過劇而發生破裂。

12 —— 強化玻璃最脆弱的地方，就在四個邊角上，以棍棒頂住鋁框，固然可減緩鋁框的形變量，但卻無法減損玻璃因為風壓所產生的撓曲量；換言之，鋁框不給彎，玻璃卻硬要彎的結果，反而加劇了鋁框與玻璃間的壓迫力，進而提高了強化玻璃從應力最脆弱的位置發生爆裂的可能。（圖片提供：巴那先生）

6Q

除了鋁窗防漏與玻璃防破，還要留意什麼？

A 陽台或花台上的易落物品應妥善收好或固定，而窗邊的重要物品也要先行搬離，以避免室外物件被強風吹落或吹倒，而撞壞窗框或玻璃。

另外，紗窗掉落或被強風吹飛，也可能會造成災損；因此，先將鬆動或是沒有裝配防掉落裝置的紗窗拆下，除可避免紗窗掉落或亂飛的危害外，也可防止紗網被強風撕裂；而針對裝有防掉落裝置的紗窗，也要確認此裝置是功能良好，且開關是在開啟無法取下的狀態，如此才有防掉落的效用。

13 —— 如家中的紗窗是裝有防掉落裝置，颱風來襲前，應確實檢查開關是切在無法取下的位置，以確保不被強風吹落。（圖片提供：左大鈞）

7Q

在狂風暴雨中，發生漏水怎麼辦？

A 黏土可塑性高，有不錯的止漏效果，如鋁窗有滲水情形，可立即填塞住滲水處，再將抹布捲放於窗槽中（在雨勢伴隨強大風壓的狀況下，容易讓窗槽積水；而在鋁框出現撓曲的同時，積水就會從窗扇底部噴入室內；如狀況不嚴重，僅須先以抹布遮阻噴水即可）；如黏土過硬時，可藉由浸泡溫水方式予以軟化，方便使用。當窗槽鋪設抹布時，如果抹布突出窗槽外，會因為虹吸效應，而將窗槽內的積水吸至室內；因此，抹布鋪設在窗槽時，應避免跨延出窗槽外。

而推開、推射、折疊、直軸、橫軸或內倒式窗型，切勿在大風壓時開啟，以避免瞬間受力過劇導致窗扇被劇烈

甩動，並發生配件損壞、玻璃破裂、窗扇掉落、砸落或變形等意外。

鋁窗漏水應予標記或拍攝紀錄，以利後續處理；而家中受風面的窗戶如非使用強化或膠合玻璃，或已出現有明顯的撓曲現象，或玻璃有破裂之虞時，建議將窗簾放下，以防玻璃不慎破裂時的飛濺傷害。

 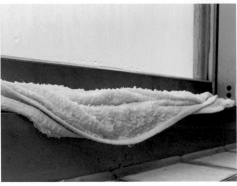

14 —— 家中平時可存放一些黏土，當窗框出現有滲水問題，請用預先準備的黏土填塞住滲水處(左圖)；抹布捲放於窗槽時，切勿跨延出窗槽外，以免虹吸效應將積水吸至室內。
（圖片提供：左大鈞）

8Q

颱風遠離後，怎麼檢查鋁窗有無安全問題？

A

確認窗戶有無受損：

（1）檢查門窗外觀是否有被外物撞擊，或因大風壓而出現變形：

❶ 目視窗扇有無明顯歪斜。

❷ 框體有無裂痕。

❸ 框邊密合度狀況是否良好。

❹ 窗扇應拉動順暢不會

卡卡，以確認窗軌並無變形。

（2）五金配件是否產生偏移或損壞：

❶ 門窗把手是否可正常扣上。

❷ 檢查配件是否鬆動。

❸ 把手扣上時，推動窗體檢查是否會有晃動情形，以確認把手、鎖具、連桿、鉸鍊（後鈕）、門弓器是否正常。

❹ 窗扇拉動是否順暢，有無出現異音，以確認輥輪或連桿是否損壞。

❺ 檢查膠條有無破損，或是否有鬆脫而影響窗扇活動或關閉之情形。

❻ 檢查玻璃是否有裂痕或鬆動。

（3）紗窗如有變形鬆動，應立即取下。

（4）窗樘排水孔應儘速清潔，以免堵塞。

（5）如窗框結構與窗體已出現龜裂、歪斜變形、嚴重鬆動、每每遇有大雨即出現漏水情況（鋁窗功能已無法滿足環境條件）、窗型過於老舊（已無配件可更換維修）時，應評估更換門窗。

鋁窗如過於老舊，應即評估更換，以防窗扇掉落肇生砸傷路人意外。

（6）無法維修改善漏水時，可在窗台夠寬的條件下（下圖左），或以嫁接管料方式（下圖右），加裝另一組窗戶，使之成為雙層窗。

（7）針對颱風期間所紀錄的漏水點，進行水密性補強。

1Q

鋁窗結露特別嚴重？

為什麼冬季時，

A 深冬時，許多家戶為了防寒，會將門窗緊閉，使得室內的溫度、濕度都會快速上升，當濕暖空氣接觸到冰冷的鋁材及玻璃時，就會在鋁材及玻璃的表面產生冷凝水，這種結露現象，就像從冰箱拿出鋁罐冷飲，放置一段時間後，鋁罐表面會出現許多冷凝水的狀況相同。結露狀況除使封閉式陽台的衣物不容易晾乾而有霉味外，也易使壁面、地板因為潮濕，而導致鄰近的木質家具、布質窗簾出現受潮與發霉的問題，甚而影響居住者的健康。

（圖片提供：左大鈞）

2Q

該怎麼避免結露冷凝水的問題？

A 抑制結露最好的方法，就是讓室內、外的空氣能夠順暢對流，但由於冷冽的寒風直灌室內，會造成居住者的不適，建議可採用有內倒功能或具有氣窗的窗型，這樣窗扇開啟時就能達到通風的效果，也能減緩進入室內的風勢；此外，具有斷熱設計的產品，也可讓室內側鋁框不致出現過低的溫度。

至於在玻璃方面，則建議使用空氣層較寬的複層玻璃，減緩熱傳導效應；此外，格子窗容易在玻璃與鋁格條的接觸位置出現熱橋現象，並成為熱源的交換路徑；因此，格子窗抑制結露的效果會比單純的複層玻璃來得差。

具有內倒或斷熱的窗型，通常價格不斐且窗戶會出現結露的位置，有窗框及玻璃，其中玻璃即佔了約 70% 的面積，如果玻璃無法抑制結露，就算窗框能斷熱也毫無意義；因此，與其設想窗框如何不出現冷凝水，倒不如留意產品是否具有引流冷凝水的導槽，避免冷凝水滴流在窗台或地面，才是不花大錢解決問題的良策。

引流導槽

2 —— 如果複層玻璃內側裝有鋁格條，將使玻璃與鋁格條的接觸位置出現「熱橋效應」，而降低了阻熱效能，因此隔熱與抑制結露的效果也會變得較差。（圖片提供：左大鈞）

3 —— 氣窗的窗扇面積較小，可以作小開口的通氣，因此進入室內的風勢，也就不會像開啟大片窗扇那樣來得冷冽。（圖片提供：左大鈞）

4 —— 鋁窗窗樘如能有引流導槽的設計，就能將滴流的冷凝水導入窗槽內，窗台或地面因冷凝水而潮濕的問題，就能獲得較大的改善。（圖片提供：亞樂美精品氣密窗）

3Q

選用複層玻璃

A 複層玻璃因為有中空層的阻隔，的確具有減緩熱傳導的效果，所以抑制結露的情形，也會比其他類型的玻璃為佳；然而，複層玻璃的四周，環繞著裝有乾燥劑的鋁隔條，以至於複層玻璃的邊緣，也容易和先前所提過的格子窗一樣，會因為「熱橋效應」而在四個邊隅上出現結露；此外，如果複層玻璃的中空層較窄，熱傳導效應也會比中空層較寬的複層玻璃來得顯著，結露的情形還是可能發生。

複層玻璃中空層四周的封膠，如果密封不良或出現裂縫，則濕氣雨水就容易滲入，並導致內側的乾燥劑失效；一到了天候炎熱之際，積水就會蒸發成水蒸氣，當天候進入寒冬時，這些濕氣也會因為溫差，而在內層玻璃面凝結成水珠，由於中空層內無法被擦拭，就會影響到玻璃的透澈與淨潔度。

5 —— 為確保複層玻璃中空層的乾燥，夾層的四邊會環繞有裝著乾燥劑的鋁隔條，這些鋁隔條與格子窗內的鋁格條相同，都會成為熱源傳導的路徑，並導致貼近鋁格條的玻璃與玻璃的四邊，還是可能出現些微的結露狀況。（圖片提供：左大鈞）

4Q

為何換了氣密窗後，結露問題反而更嚴重？

A 這個問題的確困擾許多人，結露的形成原因，一是室內外的溫差過劇，另一是室內的濕度過高所致；現在鋁窗的氣密效果，相較於以往的舊型窗戶改善太多了，氣密效果良好，所以室內的保暖效果提升，卻也使得內外的溫差變得更大，符合結露生成的第一個原因。

此外，因為更換後的鋁窗有著優異氣密性，如果窗戶未能適度的開啟通風，將使室內成為一個絕佳的密閉空間，故而，裝有加熱棒的水族箱、燒開水、泡茶、沖咖啡、烹煮食物、沐浴盥洗，乃至呼吸所吐出的空氣等，都會使室內空氣的相對濕度愈益偏高，這也剛好符合了結露生成的第二個原因。

所以，設計精良的鋁窗固能提供絕佳的保暖與氣密功效，但如能搭配可以引流冷凝水的導槽設計，並依實際需求性選用複層玻璃，就能讓鋁窗兼具有隔熱與降低結露的效能。

6── 具有引流結露的導槽(左圖)可阻擋冷凝水溢入室內，而搭配複層玻璃的使用(右圖)，也可抑制結露的生成。（圖片提供：左大鈞）

5Q

反潮與結露一樣嗎？有什麼方法可降低室內潮濕程度？

A 春天會從南方吹來濕暖的空氣，由於這個時節的高低溫度交錯，有時較寒冷，又有時白天溫度會較高，因此當天候回溫時，許多住家會開啟門窗進行通風，使得相對潮濕的空氣進入室內，到了清晨時段，潮濕空氣又會因為夜間的溫度驟降，而使得牆面、地面、窗面、玻璃，甚至是天花板都出現極度潮濕的「反潮現象」；當反潮嚴重時，地板也會變得非常濕滑，稍一不慎，就會滑倒受傷。「反潮現象」也可算是一種水氣凝結的結露形態，通常發生在連日低溫後，突然出現高溫的天候，就像我們先前曾提到過的，從冰箱取出的飲料鋁罐，將其放置在常溫環境下，表面會出現冷凝水的狀況相同。

由於冬末春初時，南風所夾帶的水氣含量較高，這使得室外空氣中的濕度也相對很高；因此，在「反潮現象」發生時，貿然的開啟窗戶通風，只會使濕氣不斷進入屋內；較好的處理，應是儘量關閉座向朝南的窗戶，讓來自南方的暖濕空氣不易進入到屋內，必要時，最好能關閉所有門窗，並輔以開啟除濕機來降低室內的濕氣（開啟冷氣，雖具有除濕的效用，但較為耗能），亦或者可利用暖氣設備來提升室內的溫度，當壁（地）面、玻璃的溫度提高了，濕氣結露的機會自然就會降低。

至於寒冬的結露與春初的反潮，不一樣的是，冬天結露的主因，是低溫所造成的溫差，次為濕氣，所以結露的位置通常在窗框、玻璃的室內面；而處理的方法，主要是透過開窗通氣，來降低室內、室外的溫度差異，或開啟除濕機降低室內濕度。而春初反潮的主、次成因，則與結露剛好顛倒，主因是相對濕度過高，次因則為溫差，暖潮濕氣充斥於戶外與室內，籠罩範圍較大，因此出現反潮的位置也較廣，如：天花板、牆面、地面、框體、玻璃等不管是室內或室外，都可能出現凝結水。

7 —— 當出現反潮現象,地板會濕漉漉的,增加了行走滑倒的風險。（圖片提供：左大鈞）

8 —— 寒冬的結露,初春的反潮,都是暖濕空氣接觸到冰冷物件,而產生的水氣凝結現象。
　　　（圖片提供：左大鈞）

9 —— 寒冬出現結露現象時,適度開啟窗扇,能降低室內、室外的溫度差距,也可改變室內
　　　濕度偏高的情形,對結露現象的改善有所助益。（圖片提供：左大鈞）

10 —— 春初出現反潮現象時,應儘量關閉門窗,避免暖濕的空氣進入屋內,並輔以開啟除
　　　濕機或空調設備,以降低室內中的空氣濕度。（圖片提供：左大鈞）

6-3 地震篇

劇烈搖晃後遺留的鋁窗困擾

1Q 地震對鋁窗有什麼影響？

A 地震來襲時，建築結構會隨地表的搖動而出現上下晃動及左右、前後擺動，因此結構體就會因為受到擠壓，而出現壁面龜裂、攏起，甚至是傾斜的情形；如果樓層愈高，則低樓層的隔間牆、結構牆、梁、柱等，就會因為承載負荷相對較大的關係，而使得受損的問題更加嚴重；是故，RC 結構尚且會在地震較大時受到損壞，更遑論是強度不及 RC 結構的鋁合金窗與玻璃了。

地震強度愈大，鋁窗受到牆體的壓迫就愈大，雖然鋁窗具有良好的彈性與延展性，但如果地震強度過大、老舊鋁窗已有金屬疲勞現象，或是立框時施工品質不佳，鋁窗就可能發生變形，或是在鋁窗與壁體的接合面出現龜裂，進而導致窗扇密合不良、配件損壞、水路出現裂縫等問題，並使得鋁窗的氣密、水密、隔音性受到破壞，甚至會有結構安全上的風險。

1 —— 地震的搖晃，輕者壁體龜裂，嚴重者，建築體會出現傾斜（如圖），甚至倒塌；因此，鋁窗在壁體擠壓下，即容易出現變形，並影響到窗（門）扇正常的啟閉功能與應有的水密、氣密與隔音性，甚至出現鬆動而掉落的不安全風險性。（圖片提供：左大鈞）

2Q

地震過後，鋁窗要怎麼檢查有沒有問題？

A 地震結束後，我們要儘速確認鋁窗有無受損，並進行必要檢修，以確保窗戶的性能與安全無虞；而鋁窗巡檢的重點概有：

一、 檢查門窗外觀是否出現變形的狀況；簡易巡檢方式有：

❶ 目視窗扇有無明顯歪斜

❷ 框體有無裂痕

❸ 框邊密合度狀況是否良好，窗扇關閉時是否會有見光的情形

❹ 拉動順暢不會卡卡，以確認窗軌並無變形

❺ 可以利用捲尺檢查窗樘（框）見光部分的對角線是否等長，如果不等長，就表示窗樘可能有變形的狀況

❻ 拉窗的窗扇可否正常拆下（如窗扇過大或玻璃過重，則建議不需進行本項檢查）

二、 檢查五金配件是否出現偏移或損壞的情形；簡易巡檢方式有：

❶ 窗扇能否正常關閉，且把手是否可正常扣上

❷ 檢查配件是否有鬆動的情形

❸ 把手扣上時，推動窗體檢查是否會有嚴重的晃動狀況，以確認把手、鎖具、連桿、鉸鍊等配件是否正常

❹ 拉啟門窗時有無異音及是否順暢，以確認輥輪是否損壞

❺ 檢查玻璃是否有裂痕或鬆動狀況

三、 檢查紗窗有無變形鬆動，如已出現變形或鬆動的狀況時，應立即取下，以避免掉落而發生意外。

四、 如窗框結構與窗體已出現龜裂、歪斜變形、嚴重鬆動、窗型過於老舊且已無配件可更換維修時，則建議應評估進行門窗更換。

2 —— 地震所產生的搖晃，會使牆面出現扭曲的現象，並可能導致拉式窗型的輪軌隆起及準直度變得歪曲不直；一旦窗框的輪軌變得歪曲，則位在窗扇兩側的輥輪，就無法在同一條準直線上，因此，拉動窗扇時，就會出現卡卡不順的情形，而窗扇關閉時，也會出現密合不佳的問題。（圖片提供：左大鈞）

3 —— 鋁窗的把手扣件本應是精確對準的，但鋁框有可能會在地震時，因為受到結構體的擠壓，而使得把手扣件發生了位移的偏差，並導致把手在關閉時無法精準的扣在扣件上，而出現操作時卡卡，甚至是無法關閉的問題。（圖片提供：左大鈞）

1Q

改善隔音不佳有哪些方式？

A

請參考下面的方法來進行評估與改善：

（1）鋁窗已安裝，但室內裝修未完成，可等到窗簾及家具擺設後，再評估實際噪音狀況，因為空蕩空間容易有聲音折射及回音共振，且噪音源也可能來自其他未封閉的途徑；因此，只有在門窗立好且配件已進行調整，家具、窗簾並都擺設妥適，才能夠有效的控制聲音進入室內，並達到消除音源折射的效果，屆時再進行評估較為客觀。

（2）如果家中已安裝窗簾及擺設家具，仍無法接受噪音現況，可依玻璃溝槽狀況，更換較厚的膠合（溝槽至少 16mm) 或複層（溝槽至少 25mm) 玻璃；假使溝槽較窄，無法更換較厚玻璃，可在玻璃室內面裝貼隔音膜，來達到遮音減振的效果。

（3）如果原來門窗的氣密性就有問題，靠玻璃更換恐怕效果也不顯著，畢竟聲音有絕佳的指向性與繞射性，所以會輕易從密合不良位置竄入室內。因此，藉由配件調整也不見隔音性有所改善，就應評估是否需要換窗了；如果家中有人居住，建議可採用乾式包框工法進行改善，如果家中窗台寬度足夠，也可利用雙層窗的方式來處理噪音問題。

為什麼新窗的隔音效果達不到宣稱的測試值？

A

我們可以從以下幾個面向來切入探討：

一、 隔音測試環境與條件的控制，是與居家實況完全不同：

鋁窗隔音性的檢測方式是把試窗安裝在一個完全沒有雜音、反射干擾、室內聲響幾乎「歸零」的場所；然而，我們實際的居家環境，卻無法像實驗室一樣，能夠事先去除所有可能的音源折射與干擾；因此，如果直接拿居家的室外音量來與未經淨化歸零的室內音量做比對，並據以質疑鋁窗的隔音效果未能達到報告上的宣告值，是較不客觀的。

1 —— 在聲強法的隔音測試環境中，受音室，為上、下、四周都包覆著吸音棉的無殘響環境，因此能有效隔絕外部音源，並消除聲音的折(反)射，這與居家環境實況是截然不同的。
（圖片提供：左大鈞）

二、 室外的聲音並非都是從窗戶傳入室內，還有其他管道：

聲音是透過振動方式來傳遞能量，具有極強的繞射性與穿透性，所以戶外的聲音會輕易從梁柱、牆面、樓地板、其他門窗、空調風管、浴廁管道間、廚房排煙管道等位置傳入室內；當牆面或樓板太薄、疊磚空隙較大、建築

物的機電與管道隔音設施不佳、外牆開口部嵌縫與打水路不實、鋁窗氣密性不足、玻璃與鋁框間的矽利康填打不良，都會影響居家整體的隔音效能；也就是説，存在室內的噪音並非都是從鋁窗進入，要把問題都歸咎於鋁窗也不公平。

三、試窗尺寸與實際安裝的規格是不盡相同的：

我們在裝修案場中所採用的鋁窗型式、尺寸與玻璃種類，不見得會與試窗的型式、尺寸、玻璃種類完全一模一樣，畢竟就算是同樣的鋁窗型號，還是有二拉、三拉、四拉、有氣窗、沒氣窗之分，至於在玻璃的部份，也會有許多不同的厚度與種類選擇，更遑論在尺寸上的差別就更大了，而這些規格的差異都會影響到隔音效能的；所以嚴格來說，測試報告的有效性僅及於與試窗完全相同規格的產品。

2 —— 鋁窗尺寸、窗型、玻璃種類都會影響隔音表現；因此嚴格來說，隔音數據的有效性僅及於與試窗完全相同的產品，實難將報告數據直接套用在不同尺寸的產品上。(圖片提供：左大鈞)

3Q

並據以評判鋁窗是否符合測試報告的標準嗎？

可以用分貝計或手機 **APP** 程式來量測室外與室內的音量差異，

A

其實這樣的作法並不客觀，因為：

一、隔音效果不能用室外與室內音量直接作加減的：

測試報告中所列的穿透損失 (TL) 數據是以複雜的對數公式所計算，而非直接以室外端的放送音量，減去室內端所量得的殘餘音量來作為測試結果。舉例來說一個人發出 60dB 的音量，10 個人同時發出聲音時，音量卻也只有約 70~90dB，而不會是 600dB；由此可知，音量是不可以直接做加減的，如以居家的室外音量與室內音量相減，來檢驗鋁窗的隔音表現，似乎不盡合理。

二、實驗室的測試頻率，與真實環境是有差異的：

人在實際環境中，所能聽到的音源頻率大概是 25~20,000Hz，然而鋁窗的隔音測試頻率範圍僅為 125~4,000Hz，這也說明在真實環境中所量到的音頻範圍是與實驗室的測試範圍有很大的落差，因此也不適合直接拿室外與室內的音量差異，來對比測試範圍明顯有別的報告數據。

三、報告數據只是一個綜合評估的宣告代表值：

鋁窗隔音測試報告的宣告值，有其嚴謹的計算與判定方式，雖然測試頻率範圍是在 125~4,000Hz 區間，但概是以 500Hz 下的測試結果，作為代表試窗隔音性能的宣告值；換言之，測試報告上的宣告值，只能算是一個代表值而已，實際的居家環境背景音源紛雜，而非一律都是 500Hz 不變，所以我們不能逕以測試報告上的宣告值，來認定鋁窗在現實環境中，也能達到與報告宣告值相同的隔音效能。

1Q

請推薦最佳窗型比例！

A 在鋁窗的視覺觀感上，應該要呈現的重點是「窗體的穩固性與尺寸比例上的協調性」；窗體如果偏向瘦高，則離地中心點的位置就會跟著偏高，容易讓人產生侷促性與壓迫感；如果窗體過於扁長，就會像人的眼瞼未全部打開一樣，容易讓人有視野不夠開闊的感受。

以推開窗適合的配比來說明，由於此種窗型受到承載重量的限制，因此不適合設計為較大或落地式窗型，所以窗扇較佳的寬高比約為 1：2；舉例來說，如果推開窗的窗扇寬度為 50 公分，則最佳的視覺高度就約為 100 公分；但由於推開窗玻璃的重量與重心位置，會影響連桿的支撐受力，因此，仍須以連桿所能承載的重量來規畫。至於在橫拉窗的部分，由於此種窗型適合安裝於開口較寬的位置，因此可以依據使用者的需要，規畫為腰窗 (裝在牆上) 或是落地窗；如果規畫為腰窗，則較佳的寬高比例也約為 1：2；如果規畫的是落地窗時，較佳的寬高比例則約為 1：2.5。

由於每個人對於高矮胖瘦的喜好程度不同，所謂的最佳視覺比例，也會依據個人的認知而有差異；但不論如何，比例應避免過大的失衡，否則對於負責承載重量的配件，有不良影響。

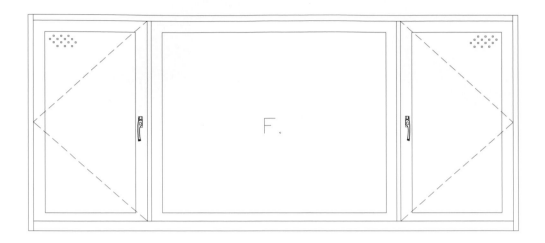

推開窗的窗扇較佳視覺寬高比約為 1：2，實際尺寸的比例關係，概如上圖所示的推開窗部分。

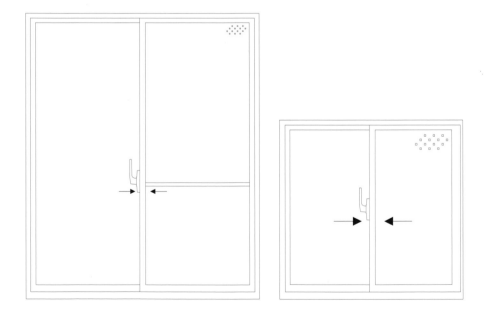

落地式橫拉窗（上圖左）的窗扇較佳視覺寬、高比為 1：2.5，而橫拉式腰窗（上圖右）的窗扇較佳視覺寬、高比則為 1：2；實際尺寸的比例關係，概如上圖所示。

2Q

鋁窗裝設在白鐵架上，為什麼容易氧化？

A 　由於各種金屬的電位均不相同，因此在接合時，就會因為不同的電位差異，而使化學性質活潑的金屬，發生加速腐蝕的狀況（鋁＞鋅＞鉻＞鐵＞鎳＞鉛＞銅＞銀＞金），尤其在潮濕、酸性、高溫、鹽霧等環境狀況下，更容易加速電位差腐蝕的情形。而鋁窗規畫時，該如何避免電位差腐蝕的問題呢？其實只要儘量避免異種金屬的接觸、防止銲接火花損壞塗裝、減少使用磁性螺絲鑽固鋁材、金屬接觸面應作鍍鋅與無磁性處理，或於金屬接觸面塗上一層油漆或鋅鉻黃塗料以為分隔，就能充分抑制電位差腐蝕的問題。

1 —— 由於鋁較白鐵活潑，因此將鋁窗固定在白鐵架上，在酸性環境條件下，就會加速電位差反應，而在金屬的接合處出現腐蝕的狀況。（圖片提供：左大鈞）

3Q

鋁窗該如何規畫，隔熱效益最高？

A 具有斷熱設計的鋁窗，隔熱性最佳，但因價格不斐，並非人人均可接受；因此，較經濟的規畫是選擇淺色系塗裝，且具有優異氣密效能的鋁窗，再搭配色板、半反射或 Low-E 等規格的複層玻璃，就能與高效能的空調、空氣循環設備相輔相成，發揮最佳的節能效益。

此外，室外牆體也可考慮加裝隔柵，除可遮擋掛在牆外的空調主機增加建築的美觀性，在日曬面也會有遮蔽烈日，卻不會干擾通風與散熱的效果。

至於複層玻璃的規格形式該如何搭配，才能具有較佳的阻熱效果呢？

❶ 玻璃厚度愈厚，熱傳透率就愈小，阻熱效果就愈佳。

❷ 複層玻璃的中空層愈寬，熱傳透率也愈小。

❸ 中空層內如果有充填惰性氣體，則又會比單純的乾燥空氣為佳。

各式玻璃的阻熱效果比較，詳如下表：

玻璃種類	單層玻璃	膠合玻璃	複層玻璃 (表示方式：第一片玻璃厚度 + 空氣層寬度 + 第二片玻璃厚度)			
玻璃厚度	10 mm	5+5 mm	5+A6+5 mm	5+A12+5 mm	5+Aig6+5 mm	5+Aig12+5 mm
熱傳透率 (U 值) (單位 W/ m²k)	5.97	4.92	3.25	3.05	2.58	1.90
附註	1. A6 代表複層玻璃中的乾燥空氣層寬度為 6mm 2. A12 代表複層玻璃中的乾燥空氣層寬度為 12mm 3. Aig6 代表複層玻璃中的空氣層是填充惰性氣體，寬度為 6mm 4. Aig12 代表複層玻璃中的空氣層是填充惰性氣體，寬度為 12mm 5. U 值愈小，代表隔熱效能愈好					

此外，窗戶的耗能狀況遠比牆體為高，因此建物在規畫時，除了建築體的窗、牆面積比率必須妥慎評估外，也須善用環境的採光與通風特性，來規畫建物的內部空間機能，並善用環境特性進行適切的窗型安排。

舉例來說，台灣夏季（5~9 月）的平均日射量，以水平面（即屋頂面）所受的日射量最大，東、西面次之，南面再次之，北面則最小，其受熱比約為 4（水平面）：2（東、西面）：1（南面）：0.8（北面）；因此，開窗方向為東、西向時，則建議應將遮陽與隔熱的需求納入考量，而其他方位的鋁窗再視通風需求性進行合宜的窗型評估。

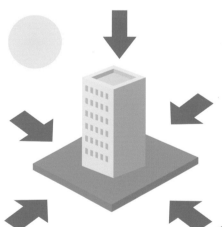

水平　屋頂日射量最大

採光罩及天窗需考慮玻璃的隔熱效能。

西向　日照充足

採光良好也有暖風，適合規畫成陽台或晒衣場所。

北向　最涼爽

為日照量最少的座向，夏季開窗有利於降低室溫；但冬季時較易受東北季風影響

南向　最暖和

此座向日照量較小，且西南風溫度偏暖，適合規畫成臥房；如果客廳位在此座向，建議採用大片景觀窗引光入室。

東向　日照充足

採光良好，但也易受熱輻射影響，宜採用隔熱效果較佳之玻璃

4Q

雙層窗有助隔音與防水，在設計與安裝上有什麼要特別注意的地方？

A 雙層窗是在原有鋁窗不變動的狀況下，在外側或內側再加裝一樘鋁窗，不僅對防護滲水有幫助，亦對隔音有所助益；一般來說，新窗較適合安裝在舊窗外側，除對聲音與雨水有較好的阻絕性外，新窗的結構性通常較好，也能提供較好的安全防護效果。

新窗如裝設在舊窗內側，聲音及雨水還是會因舊窗的密合不良而竄入兩窗之間，一旦噪音進入這封閉的夾層中，就容易出現共振的放大效應，並影響新窗的隔音表現，而雨水滲入兩窗之間，也會有不易洩排的麻煩。

新窗的玻璃厚度宜與原窗不同，因為厚度不同，質量就不同，對不同頻率音源的遮蔽效果也會不同，故而阻絕噪音的效益較為廣泛；新、舊窗的玻璃最好能有 20 公分以上距離，兩窗間可放置小盆栽或擺設，如此便有破壞音源折射及降低共振的效用，達到更佳的隔音效能。

如果結構牆的窗台寬度不足，可考慮於外牆加掛角鋁或方管料的方式來作延伸，但外層窗在架設時，窗框應有部分的底座是可以跨坐於原來的結構牆上，藉以分攤外掛支撐鋁材的吃重，安全性較高。

2 ——

雙層窗是在原有鋁窗不變動的狀況下，在其外側或內側再加裝一樘鋁窗 (左圖)；如果窗台縱深不足，則可採用嫁接鋁材的方式來展延窗框基座 (右圖)。（圖片提供：左大鈞）

檢修 DIY，問題不求人

5Q

如果沒有漏水，
我要如何檢查家中的鋁窗有沒有出問題？
該如何找出癥結點？

A 鋁窗氣密不良，就會在窗扇關閉時聞到室外的味道，而風大一些，也容易出現口哨聲，或是窗簾會出現些微飄動的狀況。

由於氣密不良的位置，聲音也容易竄進室內，可準備一付聽診器（醫療器材行應有販售，一般款式即可，每付價格約 300 元上下），沿著窗扇與窗樘、玻璃的邊緣聽檢看看，哪個位置有出現漏氣的聲音，或有較大的噪音量，我們就能判斷出氣密不良的位置在哪。

此外，也可以拿細棉繩或撕一小條衛生紙，沿著窗扇與窗樘的接合處巡一遍，如果細棉繩或衛生紙條出現有風吹的晃動狀況，也表示那個地方的氣密性有問題，我們就可針對該位置進行強化。

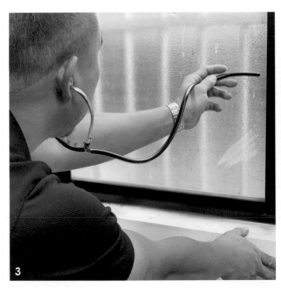

3 —— 使用聽診器，就可以找到鋁窗漏氣之處。（圖片提供：左大鈞）

4 —— 利用細棉繩或衛生紙條的測試方法，找出窗扇哪個部位可能有密合不良的情形。（圖片提供：左大鈞）

氣密窗出現口哨聲怎麼辦？

A 如果不是因為把手未扣緊的原因所造成，就表示鋁窗的氣密性出現問題，因為一旦出現隙縫，就會成為氣流的路徑，當風勢稍強並流貫過這些隙縫時，就會出現咻咻的口哨聲；至於氣密為何會出現問題，不外乎是鋁窗本身設計的氣密性能不夠好，不然就是玻璃的矽利康封膠不夠緊密，或是鋁窗安裝後五金配件沒有確實做好調整；而橫拉窗的止風塊位移，或是膠條出現了隙縫，也都是可能原因。

此外，由於鋁材與玻璃本身具有良好撓度，因此如果窗扇面積較大，風壓也較大時，撓曲現象就會變得十分顯著；而當鋁窗出現較大的撓曲時，窗樘與窗扇的接合處就容易出現縫隙，因此也容易出現有口哨聲的情形。

我們可以參照前面所述的氣密性檢測方法，以聽診器或細長紙條，沿著窗扇與窗樘、玻璃的邊緣聽檢看看哪個位置有出現漏氣的聲音或紙條出現飄動，再根據我們所發現有疑慮的地方進行矽利康補強、配件調整，或以發泡棉黏貼在窗樘與窗扇的接合面，來強化氣密的效果。

但要特別說明，從 CNS 所制定的氣密 2 等級線來看，樣窗在 $1kgf/m^2$ 的測試壓力時，允許的漏氣量為 $2m^3$；在 $5kgf/m^2$ 的測試壓力時，允許的漏氣量為 $10m^3$；當測試壓力達到 $30kgf/m^2$ 時，允許的漏氣量更是高達 $60m^3$；由此可知，鋁窗的氣密性並非是絕對不會改變的，其通氣量是會隨風壓的增強而增加，這也是為什麼，有些鋁窗平時氣密狀況都沒問題，但只要風壓強度變大，就會出現口哨聲的原因。

NOTES：
氣密不良的原因

如果鋁窗氣密性不佳，可檢查以下幾點，試著找到原因：

- 尺寸超過製造規範，使得鋁窗在大風壓時出現較大的撓曲率與形變量。

- 橫拉窗的止風塊未固定鎖緊。

- 橫拉窗的連動桿未與止風塊的受口準確對位，或連動桿頂塊過度凸出。

- 橫拉窗的輥輪水平未準確調整，導致內扇邊支上、下端的密度不同。

- 橫拉窗的逼塊裝反，使窗扇反向外推，而無內逼效果。

- 橫拉窗的把手鎖舌與受扣片（大、小鉤）無緊逼效果，使得窗扇無法與氣密膠條緊緊貼合。

- 橫拉窗的大鉤膠條密合不全、破損或變形，影響窗樘與窗扇間的密合度。

- 橫拉窗的窗樘輪軌準直度不佳或變形，影響窗樘與窗扇間的密合度。

- 推開窗窗扇不正，無法與氣密膠條密合。

- 推開窗連動桿與受口緊逼度不足，影響窗扇關閉時的密度。

- 推開窗膠條變形或破損，使窗扇無法緊密。

- 窗框立料與橫料搭接處密合不佳，出現隙縫。

- 立框不正，影響到窗扇與膠條間的密合度。

- 玻璃規格太小、玻璃安裝歪斜或玻璃橡膠條硬化變形，而在與鋁框的接合面上出現隙縫。

- 玻璃或包框料、併料處矽利康填打不夠密實，形成缺口。

- 窗框變形，影響到窗扇與窗扇，或窗扇與窗樘間的密合度。

- 鋁窗型式老舊，本身即無氣密條，因此窗扇無法提供有效的密閉性。

7Q

既有的鋁窗漏水，該怎麼改善？

A 鋁門窗會隨著時間（配件與膠條的老化）、不良的使用習慣（不當施力、吊掛物件）、天然外力（地震、颱風）等因素，使得原有的水密性逐漸出現衰退，我們特別整理出幾個鋁窗可能的漏水位置與處理方法的建議，協助大家能在鋁窗出現漏水時進行適度的處理。

鋁窗漏水的問題固然可以透過調整配件來改善，但如果是歸因於結構強度不足，並受到大風壓產生的撓曲狀況所造成的，就較難處理了，因為其中牽扯了鋁材形變量所導致的密合性失效，只能更換強度較佳的鋁窗，或是以雙層窗的方式來做處理。

檢視滲漏水位置		可能原因	可行建議
鋁框與鋁框接合處	橫料與立料接合處滲水	接合處未裝防水膠布	1. 可自行以矽利康於橫料與立料接合處進行補強 2. 檢視排水孔是否有堵塞情形 3. 室外側玻璃面填打矽利康時應注意作業安全
		排水孔設計不良無法順利導水	
		室外側玻璃面與鋁框接合處未打矽利康，或矽利康打填不佳，造成雨水滲入鋁框內部	
	橫拉窗窗扇與窗扇疊合處滲水	窗扇或窗樘未安裝正	以調整輥輪高低的方式讓窗扇與窗樘的水平與垂直線一致
		膠條密合度不足	請廠商更換膠條或自行到建材商行採購適當寬度的膠條進行更換與密度補強
		窗樘輪軌變形影響窗扇密合度	以橡膠鎚進行輪軌修整，如不易修整時可至建材商行採購適當寬度的膠條或發泡棉於滲水處進行更換與密度補強
		止風塊及止水塊未定位	如止風塊及止水塊有鬆動情形即予緊固；如止風塊及止水塊破損或變形，可用適當厚度與寬度的發泡棉作為替代

檢視滲漏水位置		可能原因	可行建議
	窗扇與窗樘接合處滲水	窗扇或窗樘未安裝正	以調整輥輪、連桿機構或後鈕方式使內、外框之水平與垂直線一致
		膠條密合度不足	請廠商更換膠條或到建材商行採購適當寬度的膠條或發泡棉進行更換與密度補強
		橫拉窗把手關閉後無緊逼效果	1. 調整橫拉窗把手或受扣片位置，或在受扣片纏繞橡皮筋，讓把手在扣鎖時增加窗框的逼合效果 2. 調整推開窗連動桿的受口角度，以改善窗扇關閉時的緊密度
		逼塊緊逼效果不佳	重新調整逼塊位置 (逼塊如過緊，亦會使門窗過緊不易開啟)
鋁框與玻璃接合處	玻璃面有水珠或水痕	室內、外溫差過劇所產生的結露現象	1. 微開門窗透氣或開啟除濕機減輕結露現象 2. 複層玻璃亦可減輕結露現象
	鋁框與玻璃接合處滲水	玻璃尺寸過小產生隙縫	1. 可自行以矽利康進行補強 2. 室外側玻璃面填打矽利康時應注意作業安全
		矽利康有裂縫，或室外側玻璃面與鋁框接合處未打矽利康	
鋁框與泥作接合處	窗面四周暈開式滲水	打水路已有隙縫	先以矽利康進行打水路裂縫處的補強，如未能有效阻止滲水，則應請專業的抓漏技師進行處理
		嵌縫內有隙縫，因毛細現象而滲水	
		包框產品之接合面的矽利康有裂縫	以矽利康進行包框料接合處的補強
	牆面有細紋式滲水	牆面結構已有裂縫	應請專業的抓漏技師進行處理
注意事項		各家窗型因設計不同，五金配件也有所出入，而安裝與泥作工法亦可能有著些許差異，因此漏水成因與處理方式並不盡然完全符合上表所述，建議仍應依實際狀況進行判斷，並研採合宜之策，方能有效解決鋁窗漏水問題	

推開窗漏水處理

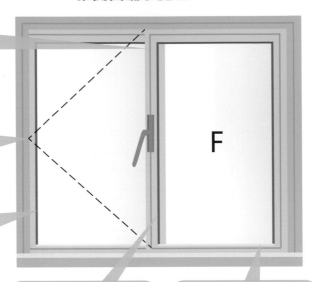

把手側滲水
建議：
1. 檢查膠條的密合度
2. 調整連桿裝置角度
3. 調整連動機構受口
4. 檢查逼塊精確度

後鈕側滲水
建議：
1. 檢查膠條密合度
2. 調整連桿裝置角度
3. 檢查逼塊精確度

玻璃與鋁料接合面漏水
建議：
1. 矽利康修補接合處
2. 檢查玻璃面間隙是否足夠
3. 玻璃壓條與鋁材接合位置填補矽利康

橫立料接合處或併料處滲水
建議：
接縫處填打矽利康

固定窗玻璃滲水
建議：
1. 檢查室外側矽利康
2. 室內側矽利康強化
3. 檢查面間隙足夠否

橫拉窗漏水處理

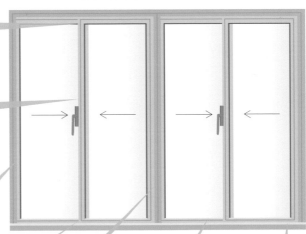

疊合料上方滲水
建議：
1. 止風塊是否有到位？
2. 連桿上頂塊與止風塊的凹槽是否密合良好？
3. 檢查大小鉤支的膠條是否下垂？
4. 檢查窗扇的垂直度是偏移？

疊合料中間滲水
建議：
1. 調整把手與受扣片緊逼度
2. 膠條檢查有無破損或變形
3. 調整窗扇垂直度
4. 調整輪軌改善疊合處密度

邊支噴水
建議：
1. 調整逼塊或增加逼塊數量與密度
2. 檢查膠條有無破損或變形
3. 調整窗扇垂直準度
4. 調整輪軌巷內緊逼

疊合料下方噴水
建議：
1. 檢查止水塊與窗扇間密合度
2. 檢查連動桿頂塊長度是否一時
3. 調整把手側輥輪高度
4. 將輥輪所停軌位置向內微調
5. 檢查膠條密度是否良好

橫立料接合處或併料處滲水
建議：
接縫處填打矽利康

玻璃與鋁料接合面滲水
建議：
1. 矽利康修補
2. 面間隙是否足夠
3. 玻璃壓條補矽膠

下支料噴水
建議：
1. 檢查膠條是否破損？
2. 檢查逼塊是否裝反？
3. 調整輥輪螺絲讓窗扇微下沉

附錄：鋁窗採購手冊

亞樂美精品氣密窗提醒您，下訂時應留意的七項規格

確定鋁窗的窗型後，接下來就要決定鋁窗的細部「規格」；有關鋁窗的規格，主要包含七個項目，分別為：1.窗框進出面寬度、2.塗裝、3.玻璃溝槽寬度、4.推開窗與固定窗的玻璃壓條型式、5.紗窗與紗網類別、6.配件需求、7.製造尺寸的安全性

資料提供：亞樂美精品氣密窗 /
博億鋁業科技股份有限公司
圖片提供：a space..design 陳焱騰

窗框進出面寬度

　　所謂鋁窗進出面寬度，通常會直稱為窗寬。常見的窗寬有 8~8.5 公分與 10 公分兩種規格，部分廠商也會因為市場特殊需求，而有 12 公分以上的產品；窗寬的選擇取決於安裝位置、結構強度與玻璃溝槽等需求，業主可依以下表格，來選擇符合需要的窗寬規格。

窗寬規格	適用位置	結構強度比較	玻璃溝槽	亞樂美 適用窗型
8~8.5 公分	腰窗 (安裝於牆面上)	疊合料較細，窗寬面較窄，與泥作接合面也相對較小，因此結構強度較弱	通常為 13mm	CRS 368 LAT(橫拉窗) 368 KM(推開窗)
10 公分	落地窗，如窗台寬度足夠，亦可作為腰窗使用	疊合料較粗，窗寬面較寬，與泥作接合面也相對較大，因此結構強度較佳	通常為 13mm 或以上	CRS 361 LAT(橫拉窗) 361 KM(推開窗)
12 公分以上	落地窗	疊合料較粗，窗寬面較寬，與泥作接合面也相對較大，因此結構強度較佳	通常為 34~42mm	CRS 270 LAT (橫拉窗)
附註	目前市面上的鋁窗需求，多為 8~10 公分的窗寬型式，然而這些窗型多受到強度限制，而無法製作成超大尺寸，或必須以氣窗分割方式來提升結構強度，除使景觀的呈現容易受到破壞外，氣窗也會增加漏水的風險。為滿足大強度與大開口的需要，亞樂美精品氣密窗的 CRS 270 LAT 超大開口橫拉窗，窗寬達 12 公分，最大製造尺寸高度為 270 cm(無開天)，由於鋁材設計厚實，因此抗風壓強度可達 450 kgf/m^2(目前 CNS 國家標準的最高等級為 360 kgf/m^2)，而玻璃溝槽寬度更達 42mm，可滿足超厚複層玻璃的安裝需要，適合安裝於大風壓、高樓層、日曬面、景觀面等各種案場環境。(CRS 270 LAT 超大開口橫拉窗標準圖，詳如右圖所示)			

 塗裝

　　塗裝質感影響裝修風格，供應商常用的庫存備料，又稱常備色或庫存色；常備色交期較快，而非常備色（又稱特殊色）因為必須特別生產，所以交期的等候時間較長，費用也相對較高。主要塗裝概有：

常備色	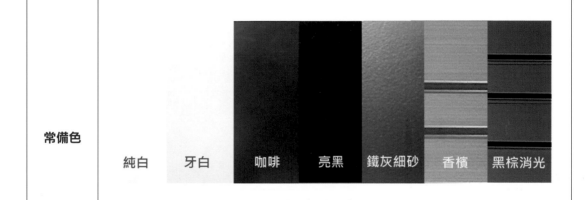
	粉體塗裝：純白、牙白、咖啡、亮黑、鐵灰細砂 **陽極處理**：白鐵色（又稱香檳色）、黑棕消光

純白　　牙白　　咖啡　　亮黑　　鐵灰細砂　　香檳　　黑棕消光

非常備色	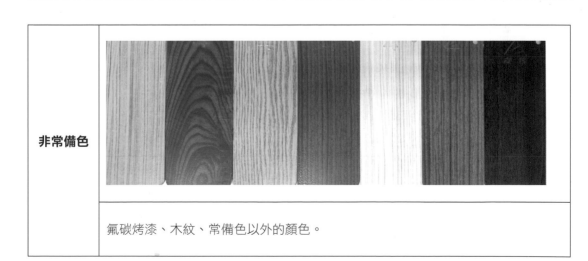
	氟碳烤漆、木紋、常備色以外的顏色。

備註：各家常備色不盡相同，採購前可先詢問店家

玻璃溝槽寬度

　　玻璃溝槽是用來安裝玻璃的位置，寬度會影響鋁窗可以採用的玻璃種類。玻璃又是直接影響隔音、隔熱、支撐強度與安全效果的主因，消費者應先確認玻璃溝槽規格後，再行訂購。

溝槽規格	13~16mm	16~25mm	25mm 以上
適用的 玻璃種類	總厚度在 5~12mm 間的單層或膠合玻璃	總厚度在 13~20mm 間的膠合玻璃，或總厚度在 20mm 以下的複層玻璃	多層式膠合玻璃，或較厚的複層玻璃
參考 相片	![42mm 13mm 16mm 型材相片] ■ 圖左，為亞樂美精品氣密窗 CRS 270 LAT型超大開口橫拉窗(窗寬12公分)之型材。 ■ 圖中，為CRS 368 LAT型橫拉窗(窗寬8公分)之型材。 ■ 圖右，為CRS 361 LAT型橫拉窗(窗寬10公分)之型材。		
備註	1. 玻璃溝槽寬度並非是業界統一的標準規格，因此各家製造商會因個別考量，而有不同的寬度設計。 2. 玻璃安裝時，應注意「面間隙」問題（玻璃套入溝槽後，玻璃面與邊框之間的間隙）；因此，實際可選用的玻璃厚度，仍需依「面間隙」實況而定。		

四 推開窗與固定窗的玻璃壓條型式

一般來說，推開窗與固定窗的玻璃，是透過拆卸窗扇上的「玻璃壓條」來進行套裝；而為配合玻璃的安裝方式 (從室外側進行套裝，或是從室內側進行套裝)，玻璃壓條又有室內拆、室外拆之分。所以當我們在決定產品規格時，也必須選用相對應的玻璃壓條型式，否則就可能會衍生玻璃無法套裝的問題。

玻璃壓條型式	玻璃安裝方式	適合的案場條件
	從室外側安裝	興建工程、樓層較高但無電梯載運、有鷹架工地、玻璃尺寸過大需以吊掛方式從室外側安裝
	從室內側安裝	玻璃尺寸不大，可透過電梯或人工搬運方式到達案場、二樓以上無鷹架案場

以上玻璃壓條，係以亞樂美精品氣密窗 CRS361/368F 窗型為例。

五　紗窗與紗網類別

　　橫拉窗的紗窗通常與窗扇相同，都是走軌的有輥輪型式；而推開窗或一些特殊窗型（如內倒窗或折疊窗）的紗窗則多採用隱藏式紗窗，概有捲紗與折紗兩種，主要特色：

捲紗	利用捲軸可自動捲收，紗網收納盒體積較大，如果上下捲收速度不一，容易有絞紗或捲收裝置損壞問題。
折紗	紗網以類似折扇的方式收納，折紗不需要捲軸彈簧裝置，所以收納盒較小，但紗網為折疊式，所以折疊線痕較為明顯。

　　而常見的材質則有：尼龍網、牛筋網、不鏽鋼金屬網；而依照網格密度或功能性來看，又有一般紗網、防蚊紗網、防霾紗網；請依環境的實際需要，來決定自家的紗網種類。

主要 紗網材質	尼龍網		為尼龍材質，網線較細，有良好透光性，價格較低；刷洗時，網格容易變大或斷裂。
	牛筋網		由牛筋線所編織，具較佳彈性，不易變形，因此耐用性也比較高。

主要 紗網材質	不鏽鋼金屬網	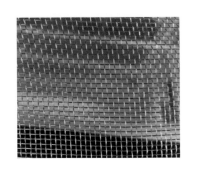	由金屬不鏽鋼所編成，紗網強度較高，可避免老鼠咬破，導熱性高，且價格亦較高。

紗網功能

一般紗網	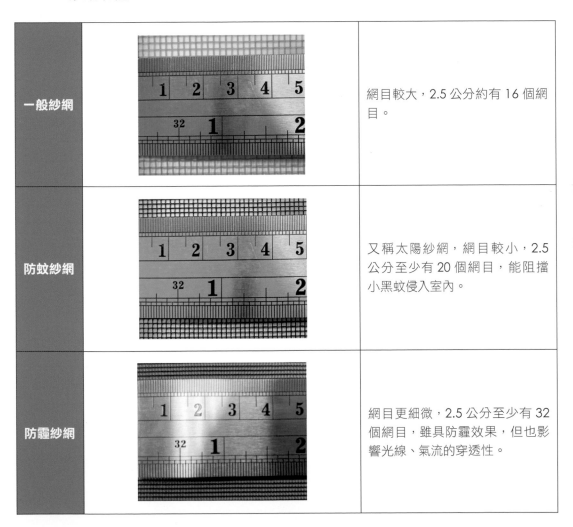	網目較大，2.5 公分約有 16 個網目。
防蚊紗網		又稱太陽紗網，網目較小，2.5 公分至少有 20 個網目，能阻擋小黑蚊侵入室內。
防霾紗網		網目更細微，2.5 公分至少有 32 個網目，雖具防霾效果，但也影響光線、氣流的穿透性。

六 配件需求

　　每個配件都有其安全與密合效能上的考量，但並非所有配件都會被列為標準配件，而且，各家廠商的標準配件也不同；因此，消費者在選購鋁窗產品時，應先確認哪些配件是屬於基本配備，哪些又是選購配件需要額外付費。

種類	橫拉窗	推開窗	加壓氣密門
主要 基本配件	密合式把手、膠條、不鏽鋼培林輥輪、santoprene 膠條、擋塊、止風塊、止水塊、側逼塊、負風壓迫塊、引手、開口限制器、防盜鉤、紗窗防落裝置、紗窗防滑夾塊、紗窗排水孔防蚊裝置、雨水逆止器	把手、膠條、防垂輪、逼塊、連桿裝置、連動機構、開口限制器	不鏽鋼水平把手(含鎖具)、隱藏式鉸鍊、防垂輪、多點連動裝置
選購配件	鎖具、省力把手(適用於 CRS 270)、紗窗安全防護網	定位桿(適用推射窗型)、超重型連桿裝置、折(捲)紗	隱藏式門弓器；折(捲)紗
備註	1. 亞樂美 CRS 361/368 LAT 型橫拉式氣密窗，均採用「負風壓迫塊」設計，除可抑制負風壓過大時的氣流口哨聲外，也具有無須加裝連動桿即可提升氣密與水密的效果，充分避免因為連動桿精度不良、通路商不會調整、過度頂迫包框料而導致鋁材變型等密合不良的問題；由於窗扇密合度的提升，也造就了 CRS 361 LAT 氣密窗(下圖)的水密性可達到 100 kgf/m^2 的標準(最高測試壓力達 150 kgf/m^2)，為 CNS 國家標準最高等級的兩倍水準。		

2.　驟雨時，橫拉式窗型的窗框輪軌容易有蓄積雨水的情形，如果排水孔受到強風的吹堵，積水就會有無法順利洩排的問題，並在窗扇承受大風壓並出現撓曲時噴入室內。

　　為此，亞樂美 CRS 361/368 LAT 型橫拉式氣密窗特別開發了「雨水逆止器」（ 如下圖紅圈標示 ），這項列為標準配備的裝置，讓窗框內的雨水不再因為風勢的妨礙而無法洩排，而雨水不再蓄積，風壓也不易從排水孔竄入，窗扇下緣噴水的問題自能獲得改善。

強化幼童防墜思維，一刻也不能等

近年來居家發生幼童墜樓的意外屢見不鮮，顯見鋁窗的安全意識仍有加強的必要。因此，當我們在選定鋁窗的過程中，必須將幼童防墜的需求納入在規格之中，以提升幼童居家的安全性。

要防止幼童不慎從窗戶墜樓，除了可選擇坊間普遍已有的「開口限制器」鋁窗外，也可選擇裝有鋼索的「紗窗安全防護網」，來提高窗子的安全性。

1 更好更安全的「紗窗安全防護網」

有別於「開口限制器」是藉由控制窗扇的開啟寬度來達到幼童防護的效果，亞樂美精品氣密窗獨家專利的「紗窗安全防護網」則是將細鋼索直接安裝在紗窗鋁材窗框上，並透過紗窗防落裝置，以及能與窗扇鉤扣在一起的固定鎖，來達到耐衝擊、防脫落與防滑動的效果。

2 不必二次施工，更符合逃生安全

由於「紗窗安全防護網」是在鋁窗出廠時，就由製造商直接安裝在鋁窗上，所以業主不須再找廠商於外牆上鑽釘裝設所謂的「隱形鐵網」，其好處除了安全、簡便、不必擔心違反社區管委會「不得破壞建築外觀」規定外，遇有緊急狀況必須從窗口逃生時，只要將裝設在窗扇的開關解鎖，紗窗就能恢復正常的拉動，人員就能從窗戶的開口迅速撤離，而不必在慌亂中急尋破壞工具來剪斷堅韌的鋼索。

(圖左) 目前坊間的隱形鐵網，是將鋼索直接固定在牆面，達到封住整片窗口目的。

(圖右)「紗窗安全防護網」，僅是在紗窗位置以鋼索封閉，並利用鎖具將紗窗與窗扇鉤扣在一起，達到緊定紗窗的效用。

3 保障通風循環安全

「紗窗安全防護網」與「開口限制器」最大的效能差異，就是「紗窗安全防護網」不會影響大鉤扇(有把手的那片窗扇)的活動，因此大鉤扇可以完全的開啟，而不像「開口限制器」是以限制窗扇的開啟寬度來達到防墜的效益，這點就會使通風效能有著極大的差異；簡單的說，「紗窗安全防護網」完全不會影響窗子的通風效能，而「開口限制器」卻會使通風量受限並衍生氣流循環不良的問題，對於裝有瓦斯熱水器，或需要作為晾曬衣服之用的陽台窗來說，氣流循環不良就會有一氧化碳中毒的風險，及衣物不易晾乾的麻煩。

橫拉窗的「開口限制器」是利用擋塊來阻擋窗扇，進而限制窗扇的開啟寬度，達到防治墜樓的效用；然而，窗扇開啟寬度受到限制，也會影響到空氣的流通量。

亞樂美精品氣密窗獨家專利的「紗窗安全防護網」適用於橫拉式鋁窗，鋼索密度概有5公分、8公分兩款型式，其中8公分鋼索間隔的產品，適合有幼童的家庭使用，而5公分鋼索間隔的產品，則可限制家中毛小孩的隨意進出，業主可依家中使用的需求性來決定產品規格。

**還想了解更多產品與說明，
您可以進入網站查詢**

七　製造尺寸的安全性

　　鋁窗尺寸愈大，在承受風壓時的形變量就愈大，而抗風壓強度、氣密性、水密性、隔音性就會相對變得較差；所以較嚴謹的鋁窗製造商，會依照自家鋁窗的結構性，計算出各式產品在不同尺寸、不同風壓條件下的形變程度，並據以制訂出一套嚴格的製造範圍限制，以確保各種規格的鋁窗能在不同風壓條件下都能有足夠的安全性。因此，當我們在決定鋁窗的尺寸規格時，務須遵循廠商的製造範圍規範。

　　以下僅以亞樂美精品氣密窗 CRS 361 LAT 二拉式橫拉窗，在風壓 360kgf/m^2 條件下，不同寬度的製造範圍限制來做說明：

　　當環境風壓條件為 360kgf/m^2 時，該二拉式無開天的橫拉窗（詳下圖的窗型示意），如寬度為 1,000mm，則允許的最大高度為 2,370mm；如果鋁窗疊合料內部有加裝 3.2mm 厚度的襯鐵時，當寬度為 1,000mm，則最大的允許高度為 2,910mm；如果鋁窗疊合料內部有加裝 4.5mm 厚度的襯鐵時，當寬度為 1,000mm，則最大的允許高度為 3,010mm。

CRS LAT 361　2拉疊合料（C011215+C011216）　強度：360

W	H		
	標準	襯3.2	襯4.5
1000	2370	2910	3010
1100	2300	2810	2920
1200	2240	2740	2830
1300	2180	2670	2760
1400	2140	2600	2700
1500	2090	2550	2640
1600	2060	2500	2590
1700	2020	2460	2540
1800	1990	2420	2500
1900	1960	2380	2460
2000	1940	2350	2430
2100	1920	2320	2400
2200	1900	2290	2370
2300	1880	2270	2340
2400	1870	2240	2320
2500	1860	2220	2300
2600	1840	2210	2280
2700	1830	2190	2260
2800	1830	2170	2240
2900	1820	2160	2230
3000	1810	2150	2220
3100	1810	2140	2210
3200	1810	2130	2200
3300	1800	2120	2190
3400	1800	2120	2180

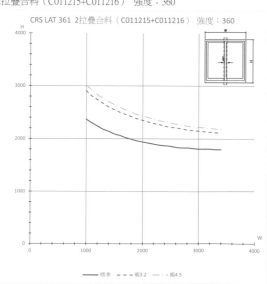

專/家/筆/記

FOR PROFESSIONALS：

窗型符號與丈量

有些鋁窗安裝包商，不會出具詳細的工程圖面給業主確認，而是以手繪的簡圖來表示其規畫的窗型，並據以提供給製造商作為下訂的依據；因此，如果業主無法辨識這些常用圖形及其代表的意義，就可能會衍生溝通錯誤的問題。

拉窗圖型標記：

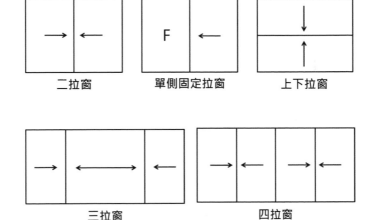

開窗圖型標記：

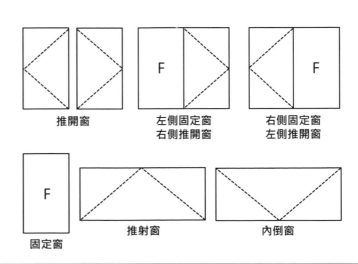

三角形虛線的底端，均表示窗扇的開啟面(把手位置)，標記時應特別留意，以免開向錯誤。

鋁窗設計 安裝大全：
從選窗型到細節施工，最強門窗標準工法

作　　　者	左大鈞
共同策劃	亞樂美精品門窗／博億鋁業科技股份有限公司
封面設計	古杰
內文設計	楊雅屏
編輯協力	呂依緻
總 經 理	李亦榛
特　　　助	鄭澤琪
副總編輯	張艾湘
出版公司	風和文創事業有限公司
公司地址	台北市大安區光復南路 692 巷 24 號 1 樓
電　　　話	02-27550888
傳　　　真	02-27007373
電子信箱	sh240@sweethometw.com

國家圖書館出版品預行編目 (CIP) 資料

鋁窗設計 安裝大全：從選窗型到細節施工，
最強門窗標準工法
左大鈞著 .-- 初版 .-- 臺北市：風和文創，
　2023.04
　　　面；17×23.4 公分
　ISBN 978-626-96428-6-1（平裝）
1.CST: 門窗工程 2.CST: 鋁窗工程 3.CST: 室內設計
4.CST: 建築物細部工程

441.568　　　　　　　　　　　　112002799

台灣版 SH 美化家庭出版授權方公司

IESG

凌速姊妹（集團）有限公司
In Express-Sisters Group Limited

地　　　址	香港九龍荔枝角長沙灣道 883 號
	億利工業中心 3 樓 12-15 室
董事總經理	梁中本
電子信箱	cp.leung@iesg.com.hk
網　　　址	www.iesg.com.hk

總 經 銷	聯合發行股份有限公司
地　　　址	新北市新店區寶橋路 235 巷 6 弄 6 號 2 樓
電　　　話	02-29178022
製　　　版	彩峰造藝印像股份有限公司
印　　　刷	勁詠印刷股份有限公司
裝　　　訂	祥譽裝訂股份有限公司

定　　　價	新台幣 580 元
出版日期	2023 年 4 月初版一刷